4年

実力アップ

計算練習ノート

特別(とくべつ)ふろく

JN058738

計算力がぐんぐんのびる！

このふろくは
すべての教科書に対応した
全教科書版です。

年 組	名前

「計算練習ノート」はとりはずして使用できます。

1 整数のかけ算(1)

とく点
/100点

◆ 計算をしましょう。　1つ6〔54点〕

❶ 234×955　❷ 383×572　❸ 748×409

❹ 586×603　❺ 121×836　❻ 692×247

❼ 965×164　❽ 491×357　❾ 878×729

♥ 計算をしましょう。　1つ6〔36点〕

❿ 6700×70　⓫ 850×250　⓬ 990×450

⓭ 720×520　⓮ 190×300　⓯ 500×650

♠ 1本195mL入りのかんジュースが288本あります。ジュースは全部で何L何mLありますか。　1つ5〔10点〕

式

答え（　　　　）

●勉強した日　　月　　日

2 整数のかけ算(2)

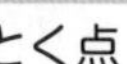

とく点

/100点

◆ 計算をしましょう。 1つ6〔54点〕

❶ 802×458　❷ 146×360　❸ 792×593

❹ 504×677　❺ 985×722　❻ 488×233

❼ 625×853　❽ 366×949　❾ 294×107

♥ 計算をしましょう。 1つ6〔36点〕

❿ 3200×50　⓫ 460×730　⓬ 460×680

⓭ 210×140　⓮ 5900×20　⓯ 9300×80

♠ 1500mL の水が入ったペットボトルが 240 本あります。水は全部で何 L ありますか。 1つ5〔10点〕

式

答え（　　　　）

3 １けたでわるわり算(1)

とく点
/100点

◆ 計算をしましょう。　1つ5〔30点〕

❶ 80÷4　❷ 140÷7　❸ 240÷8

❹ 900÷3　❺ 600÷6　❻ 150÷5

♥ 計算をしましょう。　1つ5〔30点〕

❼ 48÷2　❽ 76÷4　❾ 75÷5

❿ 84÷6　⓫ 72÷3　⓬ 91÷7

♠ 計算をしましょう。　1つ5〔30点〕

⓭ 79÷7　⓮ 58÷5　⓯ 65÷6

⓰ 86÷4　⓱ 31÷2　⓲ 46÷3

♣ 96cm のテープの長さは、8cm のテープの長さの何倍ですか。1つ5〔10点〕

式

答え（　　　　）

●勉強した日　　月　　日

4 ｜けたでわるわり算 (2)

とく点
/100点

◆ 計算をしましょう。　　1つ5〔30点〕

❶ 90÷3　　❷ 360÷6　　❸ 720÷9

❹ 800÷2　　❺ 210÷7　　❻ 320÷4

♥ 計算をしましょう。　　1つ5〔30点〕

❼ 68÷4　　❽ 90÷6　　❾ 92÷4

❿ 84÷7　　⓫ 56÷4　　⓬ 90÷5

♠ 計算をしましょう。　　1つ5〔30点〕

⓭ 67÷3　　⓮ 78÷7　　⓯ 53÷5

⓰ 61÷4　　⓱ 82÷5　　⓲ 47÷3

♣ 75ページの本を、｜日に6ページずつ読みます。全部読み終わるには何日かかりますか。　　1つ5〔10点〕

式

答え（　　　　）

5 1けたでわるわり算(3)

とく点
/100点

◆ 計算をしましょう。 1つ6〔54点〕

❶ 462÷3　❷ 740÷5　❸ 847÷7

❹ 936÷9　❺ 654÷6　❻ 540÷5

❼ 224÷8　❽ 357÷7　❾ 132÷4

♥ 計算をしましょう。 1つ6〔36点〕

❿ 845÷6　⓫ 925÷4　⓬ 641÷2

⓭ 473÷9　⓮ 269÷3　⓯ 372÷8

♠ 赤いリボンの長さは、青いリボンの長さの4倍で、524cmです。青いリボンの長さは何cmですか。 1つ5〔10点〕

式

答え（　　　　）

6 1けたでわるわり算(4)

とく点

/100点

◆ 計算をしましょう。　1つ6〔54点〕

① 912÷6　② 741÷3　③ 504÷4

④ 968÷8　⑤ 756÷7　⑥ 836÷4

⑦ 189÷7　⑧ 315÷9　⑨ 546÷6

♥ 計算をしましょう。　1つ6〔36点〕

⑩ 767÷5　⑪ 970÷6　⑫ 914÷3

⑬ 612÷8　⑭ 244÷3　⑮ 509÷9

♠ 285cm のテープを 8cm ずつ切ります。8cm のテープは何本できますか。　1つ5〔10点〕

式

答え（　　　）

7 2けたでわるわり算(1)

とく点

/100点

◆ 計算をしましょう。　1つ6〔36点〕

❶ 240÷30　❷ 360÷60　❸ 450÷50

❹ 170÷40　❺ 530÷70　❻ 620÷80

♥ 計算をしましょう。　1つ6〔54点〕

❼ 88÷22　❽ 75÷15　❾ 68÷17

❿ 91÷19　⓫ 78÷26　⓬ 84÷29

⓭ 63÷25　⓮ 92÷16　⓯ 72÷23

♠ 57本の輪(わ)ゴムがあります。18本ずつ束(たば)にしていくと、何束できて何本あまりますか。　1つ5〔10点〕

式

答え（　　　　）

8 2けたでわるわり算(2)

とく点

/100点

◆ 計算をしましょう。 1つ6〔90点〕

❶ 91÷13　❷ 84÷14　❸ 93÷31

❹ 78÷26　❺ 80÷16　❻ 58÷17

❼ 83÷15　❽ 99÷24　❾ 76÷21

❿ 87÷36　⓫ 92÷32　⓬ 73÷22

⓭ 68÷12　⓮ 86÷78　⓯ 75÷43

♥ 89本のえん筆を、34本ずつふくろに分けます。全部のえん筆をふくろに入れるには、何ふくろいりますか。 1つ5〔10点〕

式

答え（　　　）

●勉強した日　　月　　日

9 2けたでわるわり算(3)

とく点

/100点

◆ 計算をしましょう。　1つ6〔90点〕

❶ 119÷17　❷ 488÷61　❸ 504÷72

❹ 634÷76　❺ 439÷59　❻ 353÷94

❼ 924÷84　❽ 378÷27　❾ 952÷56

❿ 748÷34　⓫ 630÷42　⓬ 286÷13

⓭ 877÷25　⓮ 975÷41　⓯ 888÷73

♥ 785mL の牛にゅうを、95mL ずつコップに入れます。全部の牛にゅうを入れるにはコップは何こいりますか。　1つ5〔10点〕

式

答え（　　　　）

●勉強した日　月　日

10 2けたでわるわり算(4)

とく点　/100点

◆ 計算をしましょう。 1つ6〔90点〕

❶ 272÷68　❷ 891÷99　❸ 609÷87

❹ 441÷97　❺ 280÷53　❻ 927÷86

❼ 496÷16　❽ 936÷39　❾ 546÷42

❿ 648÷54　⓫ 874÷23　⓬ 780÷30

⓭ 783÷65　⓮ 889÷28　⓯ 532÷40

♥ 900 このあめを、75 まいのふくろに等分して入れると、1 ふくろ分は何こになりますか。 1つ5〔10点〕

式

答え（　　　）

11 けた数の大きいわり算 (1)

とく点

/100点

◆ 計算をしましょう。　1つ6〔54点〕

❶ 6750÷50　❷ 8228÷68　❸ 7476÷21

❹ 8456÷28　❺ 8908÷17　❻ 9943÷61

❼ 2774÷73　❽ 2256÷24　❾ 4332÷57

♥ 計算をしましょう。　1つ6〔36点〕

❿ 7880÷32　⓫ 9750÷56　⓬ 5839÷43

⓭ 1680÷19　⓮ 4185÷44　⓯ 3200÷38

♠ 6700 円で 1 こ 76 円のおかしは何こ買えますか。　1つ5〔10点〕

式

答え (　　　　)

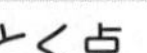

12 けた数の大きいわり算(2)

とく点

/100点

◆ 計算をしましょう。 1つ6〔54点〕

❶ 638÷319　❷ 735÷598　❸ 936÷245

❹ 2616÷218　❺ 8216÷632　❻ 9638÷564

❼ 3825÷425　❽ 4600÷758　❾ 5328÷669

♥ 計算をしましょう。 1つ6〔36点〕

⑩ 4500÷900　⑪ 5400÷600　⑫ 6700÷400

⑬ 7200÷500　⑭ 39000÷800　⑮ 86000÷700

♠ 2900mL のジュースを 300mL ずつびんに入れます。全部のジュースを入れるには、びんは何本いりますか。 1つ5〔10点〕

式

答え（　　　　）

13 式と計算(1)

とく点

/100点

◆ 計算をしましょう。 1つ6〔60点〕

❶ 120−(72−25)

❷ 85+(65−39)

❸ 7×8+4×2

❹ 7−(8−4)÷2

❺ 7−8÷4×2

❻ 7−(8−4÷2)

❼ 7×(8−4)÷2

❽ (7×8−4)×2

❾ 25×5−12×9

❿ 78÷3+84÷6

♥ くふうして計算しましょう。 1つ5〔30点〕

⓫ 59+63+27

⓬ 24+9.2+1.8

⓭ 54+48+46

⓮ 3.7+8+6.3

⓯ 20×37×5

⓰ 25×53×4

♠ 1本50円のえん筆が125本入っている箱を、8箱買いました。全部で、代金はいくらですか。 1つ5〔10点〕

式

答え（　　　　）

14 式と計算（2）

とく点

/100点

◆ 計算をしましょう。　1つ5〔40点〕

❶ 75－(28＋16)　❷ 90－(54－26)

❸ 2×7＋16÷4　❹ 150÷(30÷6)

❺ 4×(3＋9)÷6　❻ 3＋(32＋17)÷7

❼ 45－72÷(15－7)　❽ (14－20÷4)＋4

♥ くふうして計算しましょう。　1つ6〔48点〕

❾ 38＋24＋6　❿ 4.6＋8.7＋5.4

⓫ 28×25×4　⓬ 5×23×20

⓭ 39×8×125　⓮ 96×5

⓯ 9×102　⓰ 999×8

♠ 色紙が280まいあります。1人に12まいずつ16人に配ると、残り（のこ）は何まいになりますか。　1つ6〔12点〕

式

答え（　　　）

●勉強した日　月　日

15 小数のたし算とひき算(1)

とく点
/100点

◆ 計算をしましょう。　1つ5〔40点〕

❶ 1.92+2.03　❷ 0.79+2.1

❸ 2.31+0.92　❹ 2.33+1.48

❺ 0.24+0.16　❻ 1.69+2.83

❼ 1.76+3.47　❽ 1.82+1.18

♥ 計算をしましょう。　1つ5〔50点〕

❾ 3.84−1.13　❿ 1.75−0.3

⓫ 1.63−0.54　⓬ 1.49−0.79

⓭ 2.85−2.28　⓮ 2.7−1.93

⓯ 4.23−3.66　⓰ 1.27−0.98

⓱ 2.18−0.46　⓲ 3−1.52

♠ 1本のリボンを2つに切ったところ、2.25mと1.8mになりました。リボンははじめ何mありましたか。　1つ5〔10点〕

式

答え（　　　）

●勉強した日　　月　　日

16 小数のたし算とひき算 (2)

とく点

/100点

◆ 計算をしましょう。　1つ5〔50点〕

❶ 0.62+0.25

❷ 2.56+4.43

❸ 0.8+2.11

❹ 3.83+1.1

❺ 0.15+0.76

❻ 2.71+0.98

❼ 3.29+4.31

❽ 1.27+4.85

❾ 5.34+1.46

❿ 2.07+3.93

♥ 計算をしましょう。　1つ5〔40点〕

⓫ 4.46−1.24

⓬ 0.62−0.2

⓭ 2.72−0.41

⓮ 3.26−1.16

⓯ 4.28−1.32

⓰ 5.4−2.35

⓱ 4.71−2.87

⓲ 1−0.83

♠ 3.4 L の水のうち、2.63 L を使いました。水は何 L 残(のこ)っていますか。

式　1つ5〔10点〕

答え（　　　　　）

●勉強した日　　月　　日

17 小数のたし算とひき算 (3)

とく点

/100点

◆ 計算をしましょう。　1つ5〔40点〕

❶ 3.26＋5.48

❷ 0.57＋0.46

❸ 0.44＋6.58

❹ 7.56＋5.64

❺ 0.67＋0.73

❻ 3.72＋4.8

❼ 0.78＋6.3

❽ 10.44＋5.06

♥ 計算をしましょう。　1つ5〔50点〕

❾ 7.43－3.56

❿ 6.04－0.78

⓫ 16.36－4.7

⓬ 8.25－7.67

⓭ 1.8－0.48

⓮ 10.3－9.45

⓯ 31.7－0.76

⓰ 2.3－2.24

⓱ 9－5.36

⓲ 2－0.94

♠ 赤いリボンの長さは 2.3m、青いリボンの長さは 1.64m です。長さは何 m ちがいますか。　1つ5〔10点〕

式

答え（　　　　）

18 がい数

とく点
/100点

◆ □にあてはまる数を書きましょう。　1つ4〔28点〕

❶ 34592 を百の位で四捨五入すると □ です。

❷ 43556 を四捨五入して、百の位までのがい数にすると □ です。

❸ 63449 を四捨五入して、上から 2 けたのがい数にすると □ です。

❹ 百の位で四捨五入して 51000 になる整数のはんいは、□ 以上 □ 以下です。

❺ 四捨五入して千の位までのがい数にしたとき 30000 になる整数のはんいは、□ 以上 □ 未満です。

♥ それぞれの数を四捨五入して千の位までのがい数にして、和や差を見積もりましょう。　1つ9〔36点〕

❻ 38755＋2983

❼ 12674＋45891

❽ 69111−55482

❾ 93445−76543

♠ それぞれの数を四捨五入して上から 1 けたのがい数にして、積や商を見積もりましょう。　1つ9〔36点〕

❿ 521×129

⓫ 1815×3985

⓬ 3685÷76

⓭ 93554÷283

19 面 積

とく点
/100点

◆ □にあてはまる数を書きましょう。 1つ6〔30点〕

❶ たてが16cm、横が22cmの長方形の面積(めんせき)は□cm^2です。

❷ たてが13m、横が17mの長方形の面積は□m^2です。

❸ たてが4km、横が8kmの長方形の面積は□km^2です。

❹ 1辺(ぺん)が40mの正方形の面積は□aです。

❺ たてが200m、横が150mの長方形の面積は□haです。

♥ □にあてはまる数を書きましょう。 1つ5〔10点〕

❻ 面積が576cm^2で、たての長さが18cmの長方形の横の長さは□cmです。

❼ 面積が100cm^2の正方形の1辺の長さは□cmです。

♠ □にあてはまる数を書きましょう。 1つ6〔60点〕

❽ 70000cm^2=□m^2

❾ 33000m^2=□a

❿ 900000m^2=□ha

⓫ 19000000m^2=□km^2

⓬ 48m^2=□cm^2

⓭ 27a=□m^2

⓮ 89a=□cm^2

⓯ 53ha=□m^2

⓰ 34km^2=□m^2

⓱ 75000a=□ha

●勉強した日　　月　　日

20 小数と整数のかけ算 (1)

とく点
/100点

◆ 計算をしましょう。　1つ5〔45点〕

❶ 1.2×3　❷ 6.2×4　❸ 0.5×9

❹ 0.6×5　❺ 4.4×8　❻ 3.7×7

❼ 2.83×2　❽ 0.19×6　❾ 5.75×4

♥ 計算をしましょう。　1つ5〔45点〕

❿ 3.9×38　⓫ 6.7×69　⓬ 7.3×27

⓭ 8.64×76　⓮ 4.25×52　⓯ 5.33×81

⓰ 4.83×93　⓱ 8.95×40　⓲ 6.78×20

♠ 53人に7.49mずつロープを配ります。ロープは何mいりますか。

式　1つ5〔10点〕

答え（　　　　）

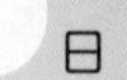

21 小数と整数のかけ算（2）

とく点

/100点

◆ 計算をしましょう。　1つ5〔45点〕

① 3.4×2　② 9.1×6　③ 0.9×7

④ 7.4×5　⑤ 5.6×4　⑥ 1.03×3

⑦ 4.71×9　⑧ 0.24×4　⑨ 2.65×8

♥ 計算をしましょう。　1つ5〔45点〕

⑩ 9.7×86　⑪ 8.4×48　⑫ 1.7×66

⑬ 6.03×54　⑭ 2.88×15　⑮ 7.05×22

⑯ 3.16×91　⑰ 5.72×43　⑱ 4.87×70

♠ 毎日 2.78km の散歩（さんぽ）をします。1 か月（30 日）では何km 歩くことになりますか。　1つ5〔10点〕

式

答え（　　　　）

●勉強した日　　月　　日

22 小数と整数のわり算 (1)

とく点　　/100点

◆ わりきれるまで計算しましょう。 1つ6〔54点〕

❶ 8.8÷4　　❷ 9.8÷7　　❸ 7.2÷8

❹ 22.2÷3　　❺ 16.8÷4　　❻ 34.8÷12

❼ 13.2÷22　　❽ 19÷5　　❾ 21÷24

♥ 商は一の位(くらい)まで求(もと)め、あまりもだしましょう。 1つ6〔18点〕

❿ 79.5÷3　　⓫ 31.2÷7　　⓬ 47.8÷21

♠ 商は四捨五入(ししゃごにゅう)して、$\frac{1}{10}$の位までのがい数で求めましょう。 1つ6〔18点〕

⓭ 29÷3　　⓮ 47÷7　　⓯ 90.9÷12

♣ 50.3mのロープを23人で等分すると、1人分はおよそ何mになりますか。答えは四捨五入して、$\frac{1}{10}$の位までのがい数で求めましょう。 1つ5〔10点〕

式

答え（　　　　　）

23 小数と整数のわり算(2)

とく点
/100点

◆ わりきれるまで計算しましょう。　1つ6〔54点〕

❶ 4.24÷2　❷ 3.68÷4　❸ 0.84÷21

❹ 0.305÷5　❺ 8.32÷32　❻ 91÷28

❼ 26.22÷19　❽ 53.04÷26　❾ 2.96÷37

♥ 商は$\frac{1}{10}$の位(くらい)まで求(もと)め、あまりもだしましょう。　1つ6〔18点〕

❿ 28.22÷3　⓫ 2.85÷9　⓬ 111.59÷27

♠ 商は四捨五入(ししゃごにゅう)して、上から2けたのがい数で求めましょう。　1つ6〔18点〕

⓭ 5.44÷21　⓮ 21.17÷17　⓯ 209÷23

♣ 320Lの水を、34この入れ物に等分すると、1こ分はおよそ何Lになりますか。答えは四捨五入して、上から2けたのがい数で求めましょう。

式　1つ5〔10点〕

答え（　　　　）

●勉強した日　月　日

24 分数のたし算とひき算(1)

とく点

/100点

◆ 計算をしましょう。 1つ5〔40点〕

① $\frac{2}{7}+\frac{4}{7}$

② $\frac{5}{9}+\frac{6}{9}$

③ $\frac{3}{8}+\frac{5}{8}$

④ $\frac{4}{3}+\frac{5}{3}$

⑤ $\frac{8}{6}-\frac{7}{6}$

⑥ $\frac{7}{5}-\frac{3}{5}$

⑦ $\frac{9}{7}-\frac{2}{7}$

⑧ $\frac{11}{4}-\frac{3}{4}$

♥ 計算をしましょう。 1つ6〔48点〕

⑨ $\frac{3}{8}+2\frac{4}{8}$

⑩ $1\frac{7}{9}+\frac{4}{9}$

⑪ $\frac{5}{7}+4\frac{2}{7}$

⑫ $1\frac{1}{5}+3\frac{3}{5}$

⑬ $3\frac{5}{6}-\frac{4}{6}$

⑭ $4\frac{1}{9}-\frac{5}{9}$

⑮ $6-3\frac{2}{5}$

⑯ $5\frac{3}{4}-2\frac{2}{4}$

♠ 油が $1\frac{3}{8}$ L あります。そのうち $\frac{6}{8}$ L を使いました。油は何L残って(のこ)いますか。 1つ6〔12点〕

式

答え（　　　　）

25 分数のたし算とひき算 (2)

とく点　/100点

◆ 計算をしましょう。　1つ5〔40点〕

❶ $\frac{3}{5}+\frac{2}{5}$

❷ $\frac{4}{6}+\frac{10}{6}$

❸ $\frac{13}{9}+\frac{4}{9}$

❹ $\frac{8}{3}+\frac{4}{3}$

❺ $\frac{11}{8}-\frac{3}{8}$

❻ $\frac{12}{7}-\frac{10}{7}$

❼ $\frac{9}{2}-\frac{5}{2}$

❽ $\frac{11}{4}-\frac{7}{4}$

♥ 計算をしましょう。　1つ6〔48点〕

❾ $3\frac{1}{4}+1\frac{1}{4}$

❿ $4\frac{5}{8}+\frac{5}{8}$

⓫ $\frac{4}{5}+2\frac{4}{5}$

⓬ $3\frac{4}{7}+2\frac{5}{7}$

⓭ $3\frac{5}{6}-1\frac{4}{6}$

⓮ $2\frac{1}{3}-\frac{2}{3}$

⓯ $7\frac{6}{8}-2\frac{7}{8}$

⓰ $4-1\frac{3}{9}$

♠ バケツに $2\frac{2}{6}$ L の水が入っています。さらに $1\frac{5}{6}$ L の水を入れると、バケツには全部で何 L の水が入っていることになりますか。　1つ6〔12点〕

式

答え（　　　　）

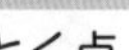
●勉強した日　月　日

26 分数のたし算とひき算(3)

とく点　/100点

◆ 計算をしましょう。 1つ5〔40点〕

❶ $\frac{6}{9}+\frac{8}{9}$

❷ $\frac{9}{7}+\frac{3}{7}$

❸ $\frac{11}{4}+\frac{10}{4}$

❹ $\frac{7}{3}+\frac{8}{3}$

❺ $\frac{8}{6}-\frac{3}{6}$

❻ $\frac{9}{8}-\frac{6}{8}$

❼ $\frac{17}{2}-\frac{5}{2}$

❽ $\frac{14}{5}-\frac{7}{5}$

♥ 計算をしましょう。 1つ6〔48点〕

❾ $2\frac{1}{3}+5\frac{1}{3}$

❿ $2\frac{1}{2}+3\frac{1}{2}$

⓫ $5\frac{3}{5}+3\frac{4}{5}$

⓬ $1\frac{5}{8}+4\frac{4}{8}$

⓭ $4\frac{8}{9}-1\frac{4}{9}$

⓮ $3\frac{3}{6}-1\frac{5}{6}$

⓯ $2\frac{2}{7}-1\frac{3}{7}$

⓰ $6-2\frac{3}{4}$

♠ 家から駅まで $3\frac{7}{10}$km あります。いま、$1\frac{2}{10}$km 歩きました。残(のこ)りの道のりは何km ですか。 1つ6〔12点〕

式

答え（　　　　）

27 4年のまとめ(1)

とく点
/100点

◆ 計算をしましょう。わり算は商を整数で求め、わりきれないときはあまりもだしましょう。　1つ6〔90点〕

① 296×347　② 408×605　③ 360×250

④ 62÷3　⑤ 270÷6　⑥ 812÷4

⑦ 704÷7　⑧ 80÷16　⑨ 92÷24

⑩ 174÷29　⑪ 400÷48　⑫ 684÷19

⑬ 558÷186　⑭ 861÷17　⑮ 900÷109

♠ カードが 560 まいあります。35 まいずつ束にしていくと、何束できますか。　1つ5〔10点〕

式

答え（　　　　）

●勉強した日　　月　　日

28 4年のまとめ(2)

とく点

/100点

◆ 計算をしましょう。わり算は、わりきれるまでしましょう。　1つ6〔72点〕

❶ $2.54+0.48$　❷ $0.36+0.64$　❸ $3.6+0.47$

❹ $5.32-4.54$　❺ $12.4-2.77$　❻ $8-4.23$

❼ 17.3×14　❽ 3.18×9　❾ 6.74×45

❿ $61.2\div18$　⓫ $52\div16$　⓬ $5.4\div24$

♥ 計算をしましょう。　1つ4〔16点〕

⓭ $\frac{4}{5}+2\frac{3}{5}$　⓮ $3\frac{2}{9}+4\frac{5}{9}$

⓯ $3\frac{3}{7}-\frac{6}{7}$　⓰ $4-2\frac{3}{4}$

♠ 40.5mのロープがあります。このロープを切って7mのロープをつくるとき、7mのロープは何本できて何mあまりますか。　1つ6〔12点〕

式

答え（　　　　）

答え

1

❶ 223470　❷ 219076
❸ 305932　❹ 353358
❺ 101156　❻ 170924
❼ 158260　❽ 175287
❾ 640062　❿ 469000
⓫ 212500　⓬ 445500
⓭ 374400　⓮ 57000
⓯ 325000
式 195×288＝56160
答え 56 L 160 mL

2

❶ 367316　❷ 52560
❸ 469656　❹ 341208
❺ 711170　❻ 113704
❼ 533125　❽ 347334
❾ 31458　❿ 160000
⓫ 335800　⓬ 312800
⓭ 29400　⓮ 118000
⓯ 744000
式 1500×240＝360000
答え 360 L

3

❶ 20　❷ 20　❸ 30　❹ 300
❺ 100　❻ 30　❼ 24　❽ 19
❾ 15　❿ 14　⓫ 24　⓬ 13
⓭ 11 あまり 2　⓮ 11 あまり 3
⓯ 10 あまり 5　⓰ 21 あまり 2
⓱ 15 あまり 1　⓲ 15 あまり 1
式 96÷8＝12　答え 12 倍

4

❶ 30　❷ 60　❸ 80　❹ 400
❺ 30　❻ 80　❼ 17　❽ 15
❾ 23　❿ 12　⓫ 14　⓬ 18
⓭ 22 あまり 1　⓮ 11 あまり 1
⓯ 10 あまり 3　⓰ 15 あまり 1
⓱ 16 あまり 2　⓲ 15 あまり 2
式 75÷6＝12 あまり 3　12＋1＝13
答え 13 日

5

❶ 154　❷ 148　❸ 121
❹ 104　❺ 109　❻ 108
❼ 28　❽ 51　❾ 33
❿ 140 あまり 5　⓫ 231 あまり 1
⓬ 320 あまり 1　⓭ 52 あまり 5
⓮ 89 あまり 2　⓯ 46 あまり 4
式 524÷4＝131　答え 131 cm

6

❶ 152　❷ 247　❸ 126
❹ 121　❺ 108　❻ 209
❼ 27　❽ 35　❾ 91
❿ 153 あまり 2　⓫ 161 あまり 4
⓬ 304 あまり 2　⓭ 76 あまり 4
⓮ 81 あまり 1　⓯ 56 あまり 5
式 285÷8＝35 あまり 5　答え 35 本

7

❶ 8　❷ 6　❸ 9
❹ 4 あまり 10　❺ 7 あまり 40
❻ 7 あまり 60　❼ 4　❽ 5
❾ 4　❿ 4 あまり 15　⓫ 3
⓬ 2 あまり 26　⓭ 2 あまり 13
⓮ 5 あまり 12　⓯ 3 あまり 3
式 57÷18＝3 あまり 3
答え 3 束(たば)できて 3 本あまる。

8

❶ 7　❷ 6　❸ 3　❹ 3　❺ 5
❻ 3 あまり 7　❼ 5 あまり 8
❽ 4 あまり 3　❾ 3 あまり 13
❿ 2 あまり 15　⓫ 2 あまり 28
⓬ 3 あまり 7　⓭ 5 あまり 8
⓮ 1 あまり 8　⓯ 1 あまり 32
式 89÷34＝2 あまり 21
2＋1＝3　答え 3 ふくろ

9

❶ 7　❷ 8　❸ 7
❹ 8 あまり 26　❺ 7 あまり 26
❻ 3 あまり 71　❼ 11　❽ 14
❾ 17　❿ 22　⓫ 15
⓬ 22　⓭ 35 あまり 2
⓮ 23 あまり 32　⓯ 12 あまり 12
式 785÷95＝8 あまり 25
8＋1＝9　答え 9 こ

10 ❶ 4　❷ 9　❸ 7
❹ 4あまり53　❺ 5あまり15
❻ 10あまり67　❼ 31　❽ 24
❾ 13　❿ 12　⓫ 38
⓬ 26　⓭ 12あまり3
⓮ 31あまり21　⓯ 13あまり12
式 900÷75＝12　答え 12こ

11 ① 135　② 121　③ 356
④ 302　⑤ 524　⑥ 163
⑦ 38　⑧ 94　⑨ 76
⑩ 246あまり8　⑪ 174あまり6
⑫ 135あまり34　⑬ 88あまり8
⑭ 95あまり5　⑮ 84あまり8
式 6700÷76＝88あまり12
答え 88こ

12 ① 2　② 1あまり137
③ 3あまり201　④ 12
⑤ 13　⑥ 17あまり50
⑦ 9　⑧ 6あまり52
⑨ 7あまり645　⑩ 5　⑪ 9
⑫ 16あまり300　⑬ 14あまり200
⑭ 48あまり600　⑮ 122あまり600
式 2900÷300＝9あまり200
9＋1＝10　答え 10本

13 ❶ 73　❷ 111　❸ 64　❹ 5
❺ 3　❻ 1　❼ 14　❽ 104
❾ 17　❿ 40　⓫ 149
⓬ 35　⓭ 148　⓮ 18
⓯ 3700　⓰ 5300
式 50×125×8＝50000
答え 50000円

14 ① 31　② 62　③ 18　④ 30
⑤ 8　⑥ 10　⑦ 36　⑧ 13
⑨ 68　⑩ 18.7　⑪ 2800
⑫ 2300　⑬ 39000　⑭ 480
⑮ 918　⑯ 7992
式 280－12×16＝88　答え 88まい

15 ① 3.95　② 2.89　③ 3.23
④ 3.81　⑤ 0.4　⑥ 4.52
⑦ 5.23　⑧ 3　⑨ 2.71
⑩ 1.45　⑪ 1.09　⑫ 0.7
⑬ 0.57　⑭ 0.77　⑮ 0.57
⑯ 0.29　⑰ 1.72　⑱ 1.48
式 2.25＋1.8＝4.05　答え 4.05m

16 ❶ 0.87　❷ 6.99　❸ 2.91
❹ 4.93　❺ 0.91　❻ 3.69
❼ 7.6　❽ 6.12　❾ 6.8
❿ 6　⓫ 3.22　⓬ 0.42
⓭ 2.31　⓮ 2.1　⓯ 2.96
⓰ 3.05　⓱ 1.84　⓲ 0.17
式 3.4－2.63＝0.77　答え 0.77L

17 ① 8.74　② 1.03　③ 7.02
④ 13.2　⑤ 1.4　⑥ 8.52
⑦ 7.08　⑧ 15.5　⑨ 3.87
⑩ 5.26　⑪ 11.66　⑫ 0.58
⑬ 1.32　⑭ 0.85　⑮ 30.94
⑯ 0.06　⑰ 3.64　⑱ 1.06
式 2.3－1.64＝0.66　答え 0.66m

18 ① 35000　② 43600　③ 63000
④ 50500、51499
⑤ 29500、30500　⑥ 42000
⑦ 59000　⑧ 14000　⑨ 16000
⑩ 50000　⑪ 8000000
⑫ 50　⑬ 300

19 ❶ 352　❷ 221　❸ 32　❹ 16
❺ 3　❻ 32　❼ 10　❽ 7
❾ 330　❿ 90　⓫ 19
⓬ 480000　⓭ 2700
⓮ 89000000　⓯ 530000
⓰ 34000000　⓱ 750

20 ① 3.6　② 24.8　③ 4.5
④ 3　⑤ 35.2　⑥ 25.9
⑦ 5.66　⑧ 1.14　⑨ 23
⑩ 148.2　⑪ 462.3　⑫ 197.1
⑬ 656.64　⑭ 221　⑮ 431.73
⑯ 449.19　⑰ 358　⑱ 135.6
式 7.49×53＝396.97　答え 396.97 m

21 ① 6.8　② 54.6　③ 6.3
④ 37　⑤ 22.4　⑥ 3.09
⑦ 42.39　⑧ 0.96　⑨ 21.2
⑩ 834.2　⑪ 403.2　⑫ 112.2
⑬ 325.62　⑭ 43.2　⑮ 155.1
⑯ 287.56　⑰ 245.96　⑱ 340.9
式 2.78×30＝83.4　答え 83.4 km

22 ❶ 2.2　❷ 1.4　❸ 0.9　❹ 7.4
❺ 4.2　❻ 2.9　❼ 0.6　❽ 3.8
❾ 0.875　❿ 26 あまり 1.5
⓫ 4 あまり 3.2　⓬ 2 あまり 5.8
⓭ 9.7　⓮ 6.7　⓯ 7.6
式 50.3÷23＝2.18…　答え 約 2.2 m

23 ① 2.12　② 0.92　③ 0.04
④ 0.061　⑤ 0.26　⑥ 3.25
⑦ 1.38　⑧ 2.04　⑨ 0.08
⑩ 9.4 あまり 0.02　⑪ 0.3 あまり 0.15
⑫ 4.1 あまり 0.89
⑬ 0.26　⑭ 1.2　⑮ 9.1
式 320÷34＝9.41…　答え 約 9.4 L

24 ① $\frac{6}{7}$　② $\frac{11}{9}\left(1\frac{2}{9}\right)$　③ 1
④ 3　⑤ $\frac{1}{6}$　⑥ $\frac{4}{5}$　⑦ 1
⑧ 2　⑨ $2\frac{7}{8}\left(\frac{23}{8}\right)$　⑩ $2\frac{2}{9}\left(\frac{20}{9}\right)$
⑪ 5　⑫ $4\frac{4}{5}\left(\frac{24}{5}\right)$　⑬ $3\frac{1}{6}\left(\frac{19}{6}\right)$
⑭ $3\frac{5}{9}\left(\frac{32}{9}\right)$　⑮ $2\frac{3}{5}\left(\frac{13}{5}\right)$　⑯ $3\frac{1}{4}\left(\frac{13}{4}\right)$
式 $1\frac{3}{8}-\frac{6}{8}=\frac{5}{8}$　答え $\frac{5}{8}$ L

25 ❶ 1　❷ $\frac{14}{6}\left(2\frac{2}{6}\right)$　❸ $\frac{17}{9}\left(1\frac{8}{9}\right)$
❹ 4　❺ 1　❻ $\frac{2}{7}$　❼ 2
❽ 1　❾ $4\frac{2}{4}\left(\frac{18}{4}\right)$　❿ $5\frac{2}{8}\left(\frac{42}{8}\right)$
⓫ $3\frac{3}{5}\left(\frac{18}{5}\right)$　⓬ $6\frac{2}{7}\left(\frac{44}{7}\right)$　⓭ $2\frac{1}{6}\left(\frac{13}{6}\right)$
⓮ $1\frac{2}{3}\left(\frac{5}{3}\right)$　⓯ $4\frac{7}{8}\left(\frac{39}{8}\right)$　⓰ $2\frac{6}{9}\left(\frac{24}{9}\right)$
式 $2\frac{2}{6}+1\frac{5}{6}=4\frac{1}{6}\left(\frac{25}{6}\right)$
答え $4\frac{1}{6}$ L $\left(\frac{25}{6}\text{ L}\right)$

26 ① $\frac{14}{9}\left(1\frac{5}{9}\right)$　② $\frac{12}{7}\left(1\frac{5}{7}\right)$　③ $\frac{21}{4}\left(5\frac{1}{4}\right)$
④ 5　⑤ $\frac{5}{6}$　⑥ $\frac{3}{8}$　⑦ 6
⑧ $\frac{7}{5}\left(1\frac{2}{5}\right)$　⑨ $7\frac{2}{3}\left(\frac{23}{3}\right)$　⑩ 6
⑪ $9\frac{2}{5}\left(\frac{47}{5}\right)$　⑫ $6\frac{1}{8}\left(\frac{49}{8}\right)$　⑬ $3\frac{4}{9}\left(\frac{31}{9}\right)$
⑭ $1\frac{4}{6}\left(\frac{10}{6}\right)$　⑮ $\frac{6}{7}$　⑯ $3\frac{1}{4}\left(\frac{13}{4}\right)$
式 $3\frac{7}{10}-1\frac{2}{10}=2\frac{5}{10}\left(\frac{25}{10}\right)$
答え $2\frac{5}{10}$ km $\left(\frac{25}{10}\text{ km}\right)$

27 ① 102712　② 246840
③ 90000　④ 20 あまり 2
⑤ 45　⑥ 203　⑦ 100 あまり 4
⑧ 5　⑨ 3 あまり 20　⑩ 6
⑪ 8 あまり 16　⑫ 36　⑬ 3
⑭ 50 あまり 11　⑮ 8 あまり 28
式 560÷35＝16　答え 16 束

28 ❶ 3.02　❷ 1　❸ 4.07
❹ 0.78　❺ 9.63　❻ 3.77
❼ 242.2　❽ 28.62　❾ 303.3
❿ 3.4　⓫ 3.25　⓬ 0.225
⓭ $3\frac{2}{5}\left(\frac{17}{5}\right)$　⓮ $7\frac{7}{9}\left(\frac{70}{9}\right)$
⓯ $2\frac{4}{7}\left(\frac{18}{7}\right)$　⓰ $1\frac{1}{4}\left(\frac{5}{4}\right)$
式 40.5÷7＝5 あまり 5.5
答え 5 本できて 5.5 m あまる。

「小学教科書ワーク・数と計算」で、さらに練習しよう！

わくわくシール

★1日の学習がおわったら、チャレンジシールをはろう。
★実力はんていテストがおわったら、まんてんシールをはろう。

まんてんシール

チャレンジシール

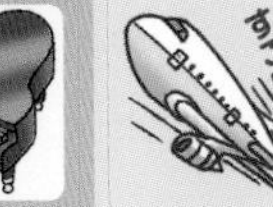

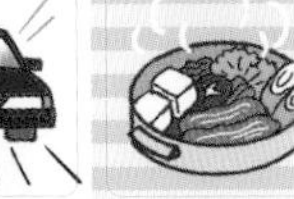
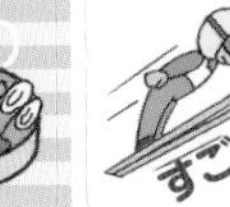

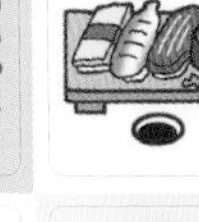

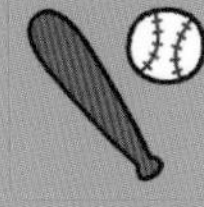

面積

正方形の面積＝1辺×1辺

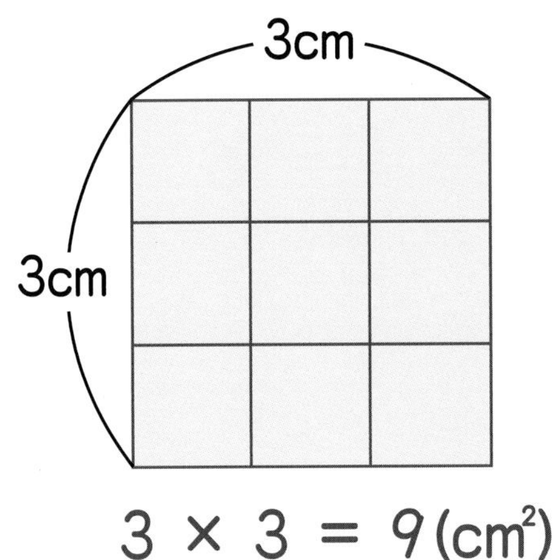

3 × 3 ＝ 9(cm²)
1辺　1辺

長方形の面積＝たて×横

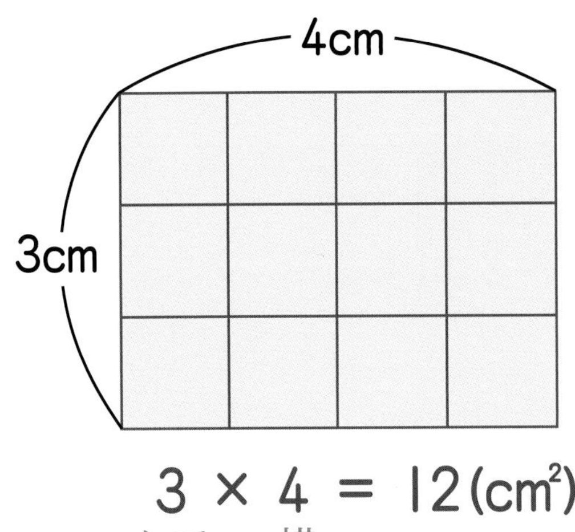

3 × 4 ＝ 12(cm²)
たて　横

面積の単位

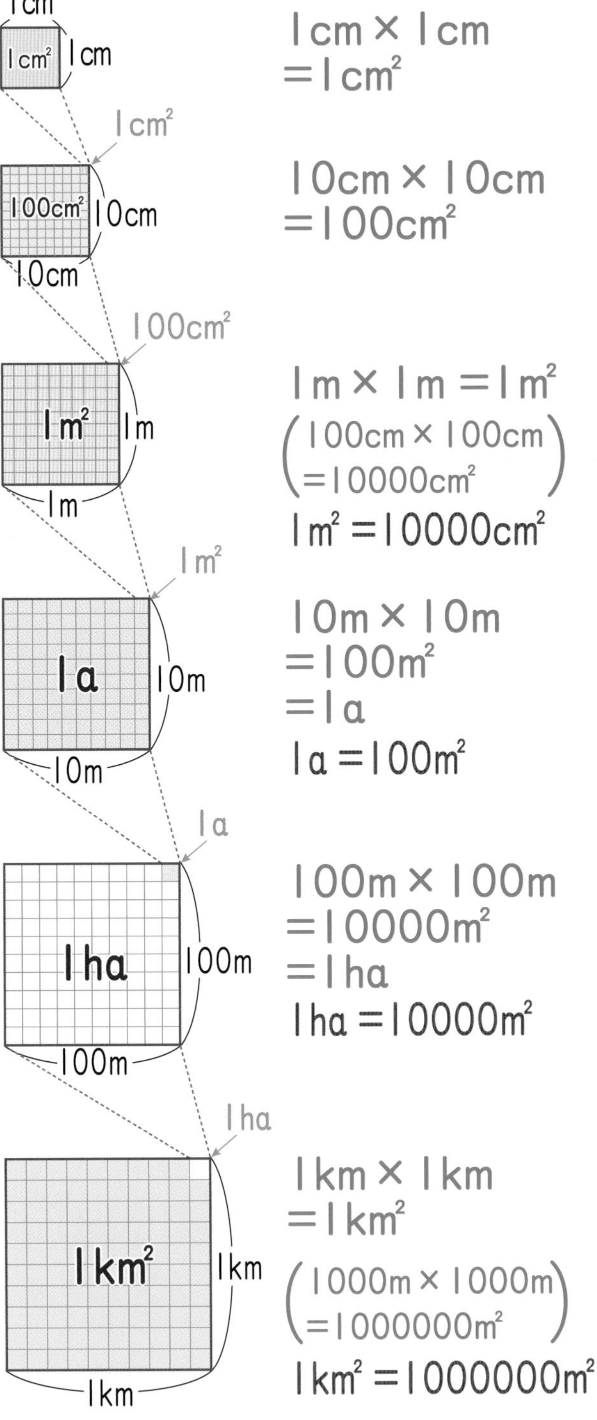

1cm × 1cm
＝1cm²

10cm × 10cm
＝100cm²

1m × 1m ＝1m²
(100cm × 100cm
＝10000cm²)
1m² ＝10000cm²

10m × 10m
＝100m²
＝1a
1a ＝100m²

100m × 100m
＝10000m²
＝1ha
1ha ＝10000m²

1km × 1km
＝1km²
(1000m × 1000m
＝1000000m²)
1km² ＝1000000m²

計算のきまり

きまり①　まとめてかけても、ばらばらにかけても答えは同じ。

(■＋●)×▲＝■×▲＋●×▲　(■－●)×▲＝■×▲－●×▲

$$
\begin{aligned}
&102\times25\\
&=(100+2)\times25\\
&=100\times25+2\times25\\
&=2500+50\\
&=2550
\end{aligned}
\qquad
\begin{aligned}
&99\times8\\
&=(100-1)\times8\\
&=100\times8-1\times8\\
&=800-8\\
&=792
\end{aligned}
$$

きまり②　たし算・かけ算は、入れかえても答えは同じ。

■＋●＝●＋■　■×●＝●×■

$3+4=7$　$3\times4=12$

$4+3=7$　$4\times3=12$

4－3✖3－4

4÷3✖3÷4

⇦ ひき算・わり算は入れかえられない。

たし算とかけ算だけができるんだ。

きまり③　たし算・かけ算は、計算のじゅんじょをかえても答えは同じ。

(■＋●)＋▲＝■＋(●＋▲)　(■×●)×▲＝■×(●×▲)

$$
\begin{aligned}
(48+94)+6&=48+(94+6)\\
&=48+100\\
&=148
\end{aligned}
\qquad
\begin{aligned}
(7\times25)\times4&=7\times(25\times4)\\
&=7\times100\\
&=700
\end{aligned}
$$

(7－3)－2✖7－(3－2)

(16÷4)÷2✖16÷(4÷2)

⇦ ひき算・わり算は入れかえられない。

計算のじゅんじょ

ふつうは、左から順(じゅん)に計算する

(　)のある式では、(　)の中をひとまとまりとみて、先に計算する。

$4+(3+2)=4+5$
$=9$
（① $3+2$、② $4+5$）

$9-(6-2)=9-4$
$=5$
（① $6-2$、② $9-4$）

式の中のかけ算やわり算は、たし算やひき算より先に計算する。

$2+3\times4=2+12$
$=14$
（① 3×4、② $2+12$）

$12-6\div2=12-3$
$=9$
（① $6\div2$、② $12-3$）

1 (　)の中のかけ算やわり算　2 (　)の中のたし算やひき算
3 かけ算やわり算の計算　4 たし算やひき算の計算

$4\times(9-2\times3)=4\times(9-\overset{①}{6})$
$=4\times\overset{②}{3}$
$=\overset{③}{12}$

$3+(8\div2+5)=3+(\overset{①}{4}+5)$
$=3+\overset{②}{9}$
$=\overset{③}{12}$

分数の大きさ

$0 \quad \frac{1}{2} \quad 1$

$0 \quad \frac{1}{3} \quad \frac{2}{3} \quad 1$

$0 \quad \frac{1}{4} \quad \frac{2}{4} \quad \frac{3}{4} \quad 1$

$0 \quad \frac{1}{5} \quad \frac{2}{5} \quad \frac{3}{5} \quad \frac{4}{5} \quad 1$

$0 \quad \frac{1}{6} \quad \frac{2}{6} \quad \frac{3}{6} \quad \frac{4}{6} \quad \frac{5}{6} \quad 1$

$0 \quad \frac{1}{7} \quad \frac{2}{7} \quad \frac{3}{7} \quad \frac{4}{7} \quad \frac{5}{7} \quad \frac{6}{7} \quad 1$

$0 \quad \frac{1}{8} \quad \frac{2}{8} \quad \frac{3}{8} \quad \frac{4}{8} \quad \frac{5}{8} \quad \frac{6}{8} \quad \frac{7}{8} \quad 1$

$0 \quad \frac{1}{9} \quad \frac{2}{9} \quad \frac{3}{9} \quad \frac{4}{9} \quad \frac{5}{9} \quad \frac{6}{9} \quad \frac{7}{9} \quad \frac{8}{9} \quad 1$

$0 \quad \frac{1}{10} \quad \frac{2}{10} \quad \frac{3}{10} \quad \frac{4}{10} \quad \frac{5}{10} \quad \frac{6}{10} \quad \frac{7}{10} \quad \frac{8}{10} \quad \frac{9}{10} \quad 1$

$\frac{1}{2}=\frac{2}{4}=\frac{3}{6}=\frac{4}{8}=\frac{5}{10}$　　$\frac{1}{3}=\frac{2}{6}=\frac{3}{9}$　　$\frac{2}{3}=\frac{4}{6}=\frac{6}{9}$

$\frac{1}{4}=\frac{2}{8}$　　$\frac{3}{4}=\frac{6}{8}$　　$\frac{1}{5}=\frac{2}{10}$　　$\frac{2}{5}=\frac{4}{10}$　　$\frac{3}{5}=\frac{6}{10}$　　$\frac{4}{5}=\frac{8}{10}$

分子が同じ分数は、分母が大きいほど小さい！

$\frac{1}{2}>\frac{1}{3}>\frac{1}{4}>\frac{1}{5}>\frac{1}{6}>\frac{1}{7}>\frac{1}{8}>\frac{1}{9}>\frac{1}{10}$

日本文教版
算数4年

▶動画 コードを読みとって、下の番号の動画を見てみよう。

勉強した日　月　日

1 数の表し方

きほんのワーク

学習の目標
一億より大きい数のよみ方や表し方を覚え、しくみを考えよう。

おわったら シールを はろう

教科書 上 12～17ページ　答え 1ページ

きほん1 一億より大きい数の表し方がわかりますか。

☆126533000 を漢数字でかきましょう。

とき方　1000 万の 10 倍の数を、一億（いちおく）といい、100000000 とかきます。（0が8こ）
また、1 億ともかきます。よむときは、一、十、百、千をそのまま使い、4 けたごとに「万」、「億」を入れます。上の数の 1 は □ 億の位（くらい）、2 は □ 万の位になります。

右から 4 けたごとに区切るとよみやすくなるよ。

千億の位	百億の位	十億の位	一億の位	千万の位	百万の位	十万の位	一万の位	千の位	百の位	十の位	一の位
			1	2	6	5	3	3	0	0	0

$\frac{1}{10}$　$\frac{1}{10}$　$\frac{1}{10}$　$\frac{1}{10}$
10倍 10倍 10倍 10倍

答え

1 3576149000 について答えましょう。　教科書 13ページ1

❶ 3 のかいてある位は、何の位ですか。（　　）

❷ 一万の位の数字は何ですか。また、一億の位の数字は何ですか。

一万の位（　　）　一億の位（　　）

❸ 7 は 1000 万が何こあることを表していますか。（　　）

❹ 3576149000 を漢数字でかきましょう。

（　　）

2 次の数を数字でかきましょう。　教科書 13ページ1

❶ 六億七千五百九十四万（　　）

❷ 三百七十億四千九百六十万（　　）

はってん さんすうはかせ

古代エジプトでは、1（=1）、（=1000）、（=100000）のような数字が使われていたんだ。1 はぼう、はスイレン、はおたまじゃくしを表しているといわれているよ。

きほん2 千億より大きい数の表し方がわかりますか。

☆75308400000000 を漢数字でかきましょう。

とき方 1000 億の 10 倍の数を、一兆（いっちょう）といい、1000000000000 とかきます（0が 12 こ）。また、1 兆ともかきます。上の数は、1 兆を [ ] こ、1 億を [ ] こあわせた数です。

千兆の位	百兆の位	十兆の位	一兆の位	千億の位	百億の位	十億の位	一億の位	千万の位	百万の位	十万の位	一万の位	千の位	百の位	十の位	一の位
		7	5	3	0	8	4	0	0	0	0	0	0	0	0

（$\frac{1}{10}$ $\frac{1}{10}$ $\frac{1}{10}$ $\frac{1}{10}$ ／ 10倍 10倍 10倍 10倍）

答え [ ]

3 次の数を漢数字でかきましょう。

教科書 15ページ2

❶ 64130005200000 （ ）

❷ 154238000600000 （ ）

4 [ ]にあてはまる数をかきましょう。

教科書 17ページ3

❶ 0 [ ] [ ] 100 億 [ ]

❷ 0 [ ] [ ] 1 兆 [ ]

5 [ ]にあてはまる不等号（ふとうごう）をかきましょう。

教科書 17ページ3

❶ 2 兆 [ ] 9800 億　　❷ 31 億 [ ] 50 億

6 次の数を数字でかきましょう。

教科書 17ページ4

❶ 1 兆を 5 こと、1 億を 2 こと、1 万を 4 こあわせた数

（ ）

❷ 1 兆を 3 こと、1 万を 907 こあわせた数

（ ）

❸ 100 億を 260 こ集めた数 （ ）

ポイント 億や兆などの大きな数は、右から 4 けたごとに区切ると、よみやすくなります。

勉強した日　月　日

2 数のしくみ
3 大きい数のかけ算
きほんのワーク

学習の目標
数のしくみを知り、数が大きくなっても計算ができるようにしよう。

おわったらシールをはろう

教科書 上 19～22ページ　答え 1ページ

きほん1 大きい数のしくみがわかりますか。

☆46億を10倍、100倍、$\frac{1}{10}$にした数をかきましょう。

とき方　ある数を10倍すると、位は1けたずつ上がり、100倍すると、位は2けたずつ上がります。また、$\frac{1}{10}$にすると、位は1けたずつ下がります。

46億を10倍、100倍、$\frac{1}{10}$にすると、46億の4は、それぞれ何の位になるかを考えよう。

答え　10倍した数　[　　]億

100倍した数　[　　]億

$\frac{1}{10}$にした数　[　　]億[　　]万

1 次の数をかきましょう。　教科書 19ページ1

❶ 73兆の10倍　（　　　）

❷ 850億の100倍　（　　　）

❸ 2600億の$\frac{1}{10}$　（　　　）

❹ 4兆の$\frac{1}{10}$　（　　　）

2 0から9までの数字カードが1まいずつあります。このカードを、どれも1回ずつ使って、次の10けたの整数をつくりましょう。　教科書 20ページ2

❶ 10けたの整数のうち、いちばん小さい整数

（　　　）

いちばん上の位に0は使えないよ。

❷ 30億より小さい整数のうち、いちばん大きい整数

（　　　）

兆よりも大きい数は、「京、垓、秭、穣、溝、澗、正、載、極、恒河沙、阿僧祇、那由他、不可思議、無量大数」と続くよ。

きほん2 大きい数の計算ができますか。

☆469×357の計算をしましょう。

とき方　2けたの数をかけるときと同じようにします。

```
      4 6 9
    × 3 5 7
    -------
    3 2 8 3 …469×□   = 3283
  2 3 4 5   …469×50  = 23450
1 4 0 7     …469×300 = 140700
-----------
□□□□3 3 …3283＋23450＋140700
```

たいせつ
3けたの数をかけるときも、2けたの数をかけるときと同じように、一の位から順に計算します。

答え □

3 かけ算をしましょう。　教科書 21ページ1

❶ 243×314　❷ 398×265　❸ 478×492

きほん3 0のある数のかけ算ができますか。

☆次のかけ算をしましょう。　❶ 547×609　❷ 4300×580

とき方　0をかける計算は、省くことができます。

❶
```
    5 4 7
  × 6 0 9
  -------
  4 9 2 3
3 2 □□
---------
□□□□2 3
```

❷
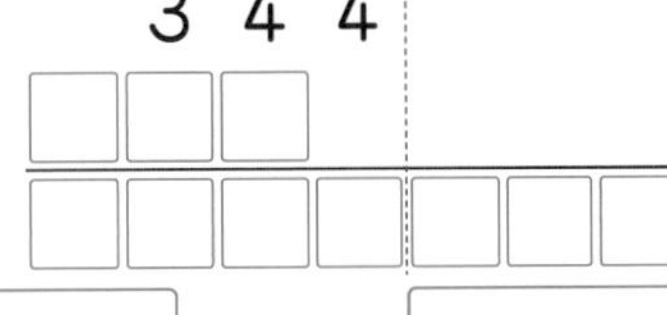

```
  4 3|0 0
× 5 8|0
---------
3 4 4
□□□
---------
□□□□|□□□
```

❶は、かける数に0がある部分の計算は省くよ。
❷は、0がないものとして計算して、あとから、省いた数だけ0をつけるよ。

答え ❶ □　❷ □

4 かけ算をしましょう。　教科書 21ページ2 22ページ3

❶ 738×406　❷ 5700×260　❸ 320×6900

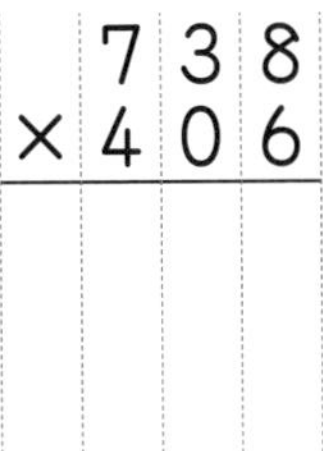

終わりに0がある数のかけ算は、0がないものとして計算して、その答えに省いた数だけ0をつけます。

練習のワーク②

教科書 ㊤ 26〜43ページ　答え 3ページ

できた数 /14問中

1 わり算の筆算　わり算をしましょう。

❶ 3)78　❷ 6)84　❸ 7)896

❹ 3)925　❺ 8)517　❻ 5)302

2 暗算　暗算でしましょう。

❶ 54÷3　❷ 91÷7　❸ 84÷6

❹ 720÷2　❺ 232÷4　❻ 279÷9

3 (2けた)÷(1けた)の文章題

花が 80 本あります。この花を 6 本ずつ束（たば）にして花束をつくります。花束は何束できて、花は何本あまりますか。

式

答え（　　　　）

4 (3けた)÷(1けた)の文章題

940g の米を 4 つのふくろに同じ量（りょう）ずつ入れます。1 つのふくろに何 g ずつ入れるとよいですか。

式

答え（　　　　）

てびき

1 わり算の筆算
3 けたのわり算で、百の位の数がわる数より小さいときは、商は十の位からたちます。商はどの位からたつかに注意して計算しましょう。

2 暗算のしかた
❶ 54÷3 では、わられる数の 54 を 30 と 24 に分けて考えます。

54÷3
30　24

30÷3 の答えと 24÷3 の答えをあわせます。

3 4 わり算の文章題
わられる数、わる数が何になるかを考えて式に表します。わり算の計算は筆算でしましょう。

あまりは、わる数より小さくなるよ。

できるナビ　わり算の筆算は、「たてる」→「かける」→「ひく」→「おろす」 をくり返して計算しましょう。

1 よく出る 暗算でしましょう。　1つ8〔32点〕

❶ 96 ÷ 3　　❷ 56 ÷ 4

❸ 480 ÷ 2　　❹ 130 ÷ 5

2 よく出る 875 ÷ 4 の計算をして、答えのたしかめもしましょう。　1つ7〔14点〕

答え（　　　　）　たしかめ（　　　　）

3 おはじきが 96 こあります。6 人で同じ数ずつ分けると、1 人分は何こになりますか。　1つ9〔18点〕

式

答え（　　　　）

4 157cm のリボンを 9cm ずつに切ります。9cm のリボンは何本とれて、何cm あまりますか。　1つ9〔18点〕

式

答え（　　　　）

5 4 年生は 113 人います。5 人ずつ長いすにすわっていくと、全員がすわるには、長いすは何きゃくいりますか。　1つ9〔18点〕

式

答え（　　　　）

□ 2 けたや 3 けたの数をわるわり算ができ、答えのたしかめもできたかな？
□ わり算を使って問題がとけたかな？

まとめのテスト②

教科書 ㊤26〜43ページ　答え 3ページ

時間 20分　とく点 /100点　おわったらシールをはろう

1 よく出る わり算をしましょう。　1つ8〔48点〕

❶ 5)80　❷ 6)72　❸ 4)984

❹ 3)615　❺ 9)486　❻ 7)512

2 りんごが3こ384円で売っています。このりんご1このねだんは何円になりますか。　1つ8〔16点〕

式

答え（　　　）

3 あめが180こあります。このあめを8人で同じ数ずつ分けます。あめがあと何こあると、あまりなく分けることができますか。　1つ8〔16点〕

式

答え（　　　）

4 □にあてはまる数をかきましょう。　1つ10〔20点〕

❶

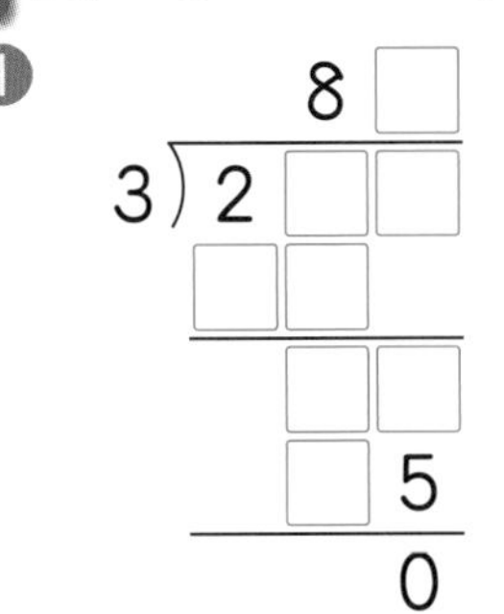

❷

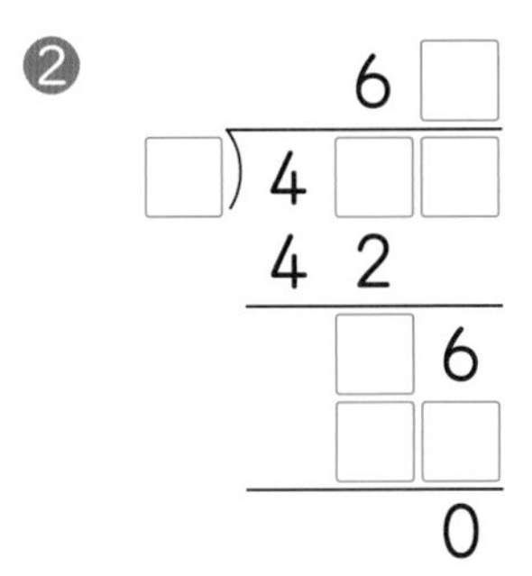

ふろくの「計算練習ノート」4〜7ページをやろう！

□わられる数が2けたや3けたのわり算ができたかな？
□わり算の筆算のしかたがわかり、もとの計算を考えることができたかな？

勉強した日　月　日

1 変わり方を表すグラフ
2 折れ線グラフのかき方
きほんのワーク

学習の目標　変わり方のようすを、見やすくわかりやすく表せるようにしよう。

おわったらシールをはろう

教科書 上 46～56ページ　答え 4ページ

きほん1 折れ線グラフのよみ方がわかりますか。

☆右のグラフを見て、答えましょう。

❶ 午前11時の気温は何度ですか。

❷ 気温の変わり方がいちばん大きいのは、何時と何時の間ですか。

❸ 気温がいちばん高かったのは、何時ですか。また、それは何度ですか。

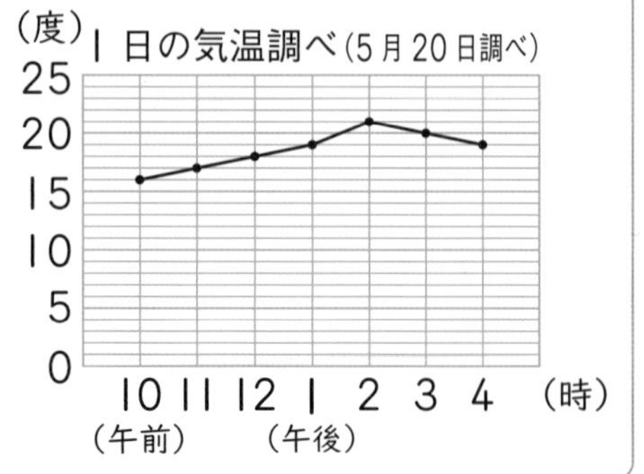

とき方　上のようなグラフを折れ線グラフといいます。折れ線グラフでは、線のかたむきで変わり方がわかります。

気温のように、変わっていくもののようすを表すときには、折れ線グラフを使うといいよ。

❶ 午前11時の気温は、11時のところの点を横に見て　□　度です。

❷ 線のかたむきがいちばん急なところは、午後　□　時と　□　時の間です。

❸ いちばん高いところにある点を、たてに見て午後　□　時、横に見て　□　度です。

たいせつ

折れ線グラフでは、線のかたむきで変わり方がわかります。また、線のかたむきが急であるほど、変わり方が大きいことを表しています。

上がる(ふえる)　変わらない　下がる(へる)

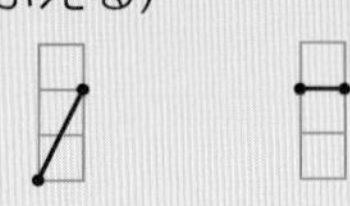

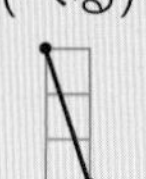

答え　❶ □ 度

❷ 午後 □ 時と午後 □ 時の間

❸ 午後 □ 時　□ 度

1 右のグラフを見て答えましょう。　教科書 47ページ1 49ページ2

❶ 午前8時の気温は何度ですか。

(　　　)

❷ 気温がいちばん高かったのは、何時ですか。また、それは何度ですか。

(　　　)

❸ 気温の上がり方がいちばん大きかったのは、何時と何時の間ですか。

(　　　)

(度)　1日の気温調べ(6月1日調べ)
30
25
20
15
10
5
0
8 10 12 2 4 6 (時)
(午前)　(午後)

さんすうはかせ　2つのものの変わるようすをくらべるときは、1つのグラフ用紙に2つの折れ線グラフをかくこともできるよ。

きほん2 折れ線グラフのかき方がわかりますか。

☆下の表は、ある市の１年間の気温を調べたものです。これを折れ線グラフに表しましょう。

１年間の気温（毎月１日午前９時調べ）

月	1	2	3	4	5	6	7	8	9	10	11	12
気温(度)	0	2	6	10	16	22	26	24	20	14	8	4

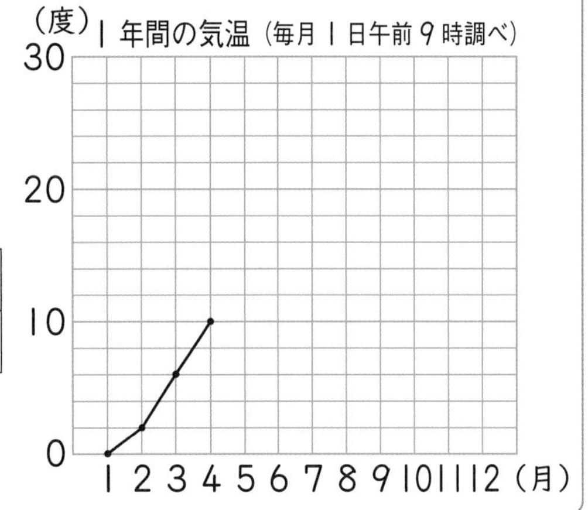

とき方 折れ線グラフは、次のようにかきます。

1 横のじくに月をかき、(　)に単位（たんい）をかく。

2 いちばん高い［　　］がかけるように、たてのじくに気温のめもりをとり、(　)に単位をかく。

3 表を見て点をうち、順（じゅん）に［　　］でつなぐ。

4 表題と、調べた月日をかく。

答え 上の問題に記入

2 たけるさんは、午前８時から午後５時までの気温を調べました。

１日の気温（5月25日調べ）

時こく(時)	午前 8	9	10	11	12	午後 1	2	3	4	5
気温（度）	17	21	23	25	26	27	27	28	27	26

この気温の変わり方を、折れ線グラフで表しましょう。

教科書 55ページ1 56ページ2

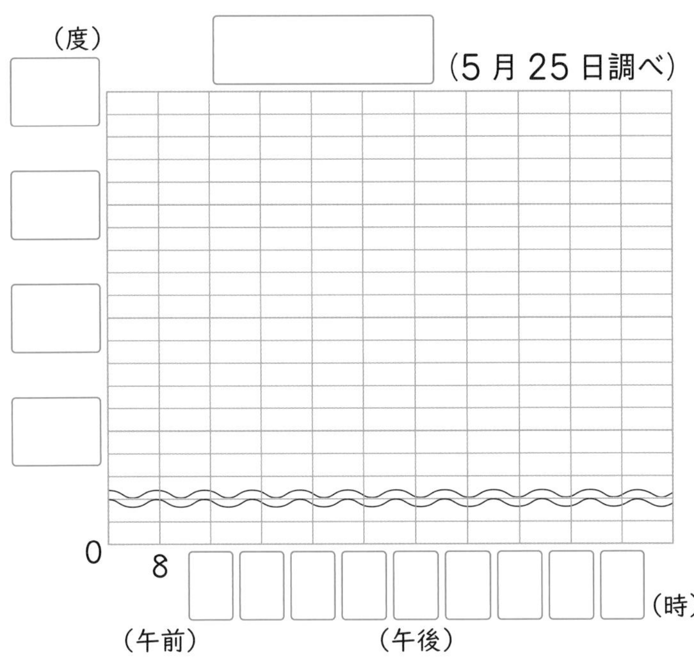

折れ線グラフでは、左のグラフのように、〰を使って、めもりのとちゅうを省（はぶ）けるよ。ここでは、15度より小さいめもりを省いたんだね。

気温のように、変わっていくもののようすを、折れ線グラフに表したり、グラフから変わり方のとくちょうをよみとったりできるようにしましょう。

勉強した日　月　日

学習の目標
記録を見やすく整理し、わかりやすく表す方法を身につけよう。

おわったらシールをはろう

3 整理のしかた

きほんのワーク

教科書 上 57～60ページ　答え 4ページ

きほん1 記録を見やすく整理するしかたがわかりますか。

☆右の表は、ゆいさんの学校の４年生について、５月にけがをした人を記録したものです。これを、けがの種類と場所の２つについて、下の表に整理します。下の表を完成させましょう。

５月中に起きたけが

クラス	けが	場所	クラス	けが	場所
4	切りきず	校庭	2	打ぼく	体育館
2	打ぼく	校庭	1	切りきず	教室
2	打ぼく	校庭	4	打ぼく	体育館
3	すりきず	教室	3	切りきず	ろうか
1	打ぼく	体育館	1	すりきず	教室
2	切りきず	校庭	4	すりきず	校庭
4	すりきず	校庭	2	すりきず	校庭
3	打ぼく	校庭	1	ねんざ	ろうか
4	切りきず	教室	3	すりきず	校庭
2	ねんざ	体育館	4	切りきず	教室
3	すりきず	教室	2	打ぼく	校庭
4	切りきず	教室	2	すりきず	教室
3	切りきず	ろうか	1	すりきず	校庭
1	切りきず	教室	4	ねんざ	体育館
1	打ぼく	体育館	2	すりきず	校庭
2	すりきず	教室	1	切りきず	教室

けがの種類と場所　（人）

けが＼場所	校庭		教室		ろうか		体育館		合計
すりきず	正一					0		0	
打ぼく	正	4				0			8
切りきず	T	2						0	10
ねんざ		0		0					
合計									

とき方 上の表では、１つのことがらをたてに、もう１つのことがらを横にとっています。たとえば、校庭で打ぼくをした人は、それぞれのことがらをたてと横で見て、交わったところにかくので［　　］人です。また、切りきずをした人の合計は［　　］人です。

数えるときは、「正」の字をかいて調べると便利だよ。

答え 上の表に記入

1 きほん1の右側の表を、けがをした場所とクラスの２つについて、右の表に整理しましょう。また、けがをした人がいちばん多いのは何組ですか。　教科書 57ページ1

けがをした場所とクラス　（人）

場所＼クラス	1	2	3	4	合計
校庭					
教室					
ろうか					
体育館					
合計					

（　　　　　）

さんすうはかせ 日本では、数を数えるときに「正」の字をかきますが、アメリカでは｜を使って、1、2、3、4を数え、5つ目が横線になるよ。3→||| 5→卌 9→卌 ||||

きほん2 仲間に分けて整理できますか。

☆下の表は、まさやさんのはんの人たち8人について、足かけ上がりとさか上がりができるか、できないかを調べたものです。これを、右の表に整理しましょう。

足かけ上がり、さか上がり調べ

	まさや	みさき	まなみ	ともき	ひかる	ゆうか	そうた	たける
足かけ上がり	○	×	○	○	×	○	×	○
さか上がり	×	×	○	○	○	×	○	○

(○…できる、×…できない)

足かけ上がり、さか上がり調べ　(人)

		さか上がり		合計
		できる	できない	
足かけ上がり	できる	あ	い	う
	できない	え	お	か
合計		き	く	け

とき方 上の表は、たてと横の両方から見ていくので、

あは足かけ上がりもさか上がりもできる人数、

いは足かけ上がりができて、さか上がりができない人数、

うは足かけ上がりができる人数、

けは全体の人数の8がはいります。

足かけ上がりについて、また、さか上がりについて、合計人数が8になるかたしかめます。

答え 上の表に記入

2 4年1組で、なわとびについて調べました。クラスの28人のうち、あやとびのできる人が23人、二重とびのできる人が19人いました。また、どちらもできない人は2人でした。 教科書 59ページ2

なわとび調べ　(人)

		二重とび		合計
		できる	できない	
あやとび	できる	あ	い	う
	できない	え	お	か
合計		き	く	け

❶ 右の表のあいているところに、あてはまる数をかきましょう。

❷ あやとびと二重とびの両方ともできる人は何人ですか。

(　　　　)

❸ あやとびができて、二重とびができない人は何人ですか。

(　　　　)

ポイント 集めた記録を、2つのことがらに目をつけて表にすることがあります。表にすることによって、整理され、よみとりやすくなります。

勉強した日　月　日

練習のワーク①

教科書 ㊤46～64ページ　答え 4ページ

できた数　/6問中

おわったらシールをはろう

1 折れ線グラフのかき方

下の表を折れ線グラフに表します。

1日の気温（6月10日調べ）

時こく（時）	午前4	6	8	10	12	午後2	4	6	8
気温（度）	16	16	18	19	23	24	22	19	18

❶ たてのじくと横のじくのめもりは、それぞれ何を表しますか。

たてのじく（　　　　）

横のじく（　　　　）

❷ 気温の変わり方を、右のグラフにかきましょう。

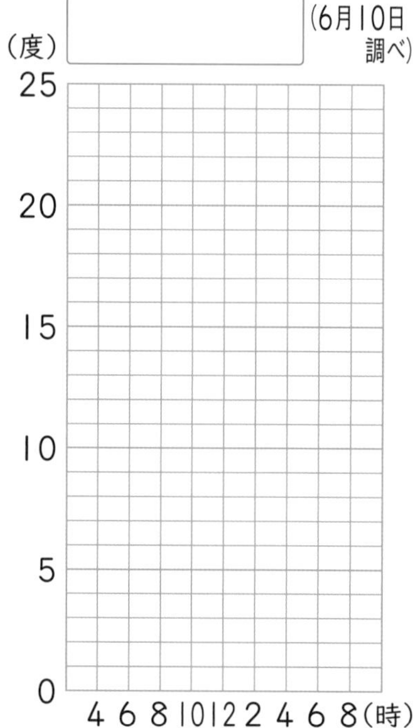

❸ 気温の下がり方がいちばん大きいのは何時と何時の間ですか。

（　　　　）

2 整理のしかた

みゆさんは、クラスで、昨日家で計算練習と読書をしたかどうかを調べました。

クラスの人数…………35人
計算練習をした人……18人
読書をした人…………26人
どちらもしなかった人…………7人

計算練習と読書調べ（人）

		読書 した	読書 しない	合計
計算練習	した	あ	い	う
計算練習	しない	え	お	か
合計		き	く	け

❶ 右の表に整理しましょう。

❷ 計算練習をして、読書をしなかった人は何人ですか。

（　　　　）

1 折れ線グラフのかき方

1 たてと横のじくに、それぞれ何を表すか決めて、めもりをつけ、単位をかきます。
2 記録を表すところに点をうち、点と点を直線でつなぎます。
3 表題と、調べた月日をかきます。

折れ線グラフに表すと、変わり方がよくわかるね。

2 表のう、お、き、けにはいる数は問題文からわかります。残りは計算で求めましょう。

重なりがないように注意しよう！

できるナビ　折れ線グラフでは、線のかたむきぐあいで変わり方のようすがわかります。

練習のワーク②

教科書 上 46~64ページ　答え 5ページ

できた数 /6問中　おわったらシールをはろう

1 2つをあわせたグラフ　下のグラフは、ある市の月別の気温と降(こう)水量(すいりょう)を表したものです。

❶ いちばん気温が高いのは何月で、何度ですか。

月（　　　）

気温（　　　）

❷ いちばん降水量が少ないのは何月で、何mmですか。

月（　　　）

降水量（　　　）

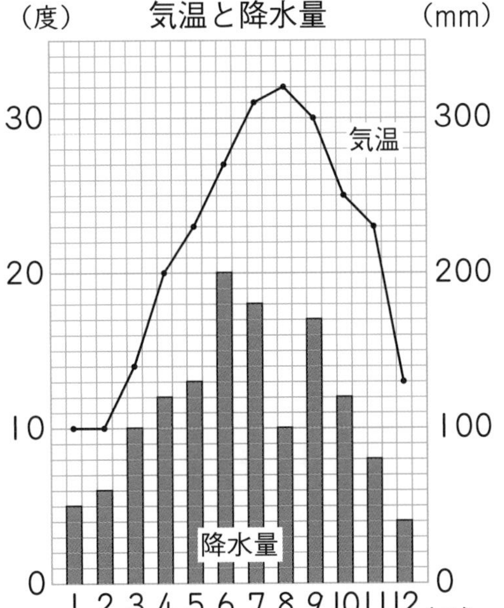

2 整理のしかた　下の表は、しゅんやさんのクラスの1ぱんと2はんのかき取りテストの点数を表したものです。

かき取りテストの点数

1ぱん	9	8	10	7	8	9	7	10
	8	7	6	10	8	8	／	／
2はん	8	9	10	7	9	10	8	9
	7	7	10	10	8	9	9	／

❶ 下の表に整理しましょう。

かき取りテストの点数　(人)

はん＼点数	10点	9点	8点	7点	6点	合計
1ぱん						
2はん						
合計						

❷ 1ぱんで人数がいちばん多かった点数は、何点ですか。

（　　　）

てびき

1 2つのグラフをあわせたグラフ
折れ線グラフは気温を表し、ぼうグラフは降水量を表しています。
❶折れ線グラフを見て調べます。気温は左側のめもりでよみます。
❷ぼうグラフを見て調べます。降水量は右側のめもりでよみます。

2 記録を2つのことがらに目をつけて整理し、表にまとめていきます。

表にするときは、もれや重なりがないように気をつけながら、順序(じゅんじょ)よく数えていきます。数えたものに印(しるし)をつけるなどくふうしてみましょう。

ちゅうい
たて方向や横方向の合計の数が、全体の数と同じになっているかもたしかめるようにしましょう。

できるナビ　表に整理するときは、もれや重なりがないように注意しよう。

勉強した日　月　日

まとめのテスト①

教科書 ㊤46〜64ページ　答え 5ページ

時間 20分　とく点 /100点　おわったらシールをはろう

1 次の㋐から㋔の中で、折れ線グラフに表すとよいのはどれですか。〔25点〕

㋐ 毎年８月１日にはかった自分の体重
㋑ 好きな本の種類調べの結果
㋒ １時間ごとに調べた教室の気温
㋓ 午前９時に調べたいろいろな場所の気温
㋔ ４年生のクラスごとの虫歯のある人の数

（　　　）

2 よく出る 下の表は、４月から１１月までのハツカネズミの体重の変わり方を調べたものです。これを、折れ線グラフに表しましょう。〔25点〕

ハツカネズミの体重（毎月１０日調べ）

月	4	5	6	7	8	9	10	11
体重(g)	6	9	11	14	13	15	16	16

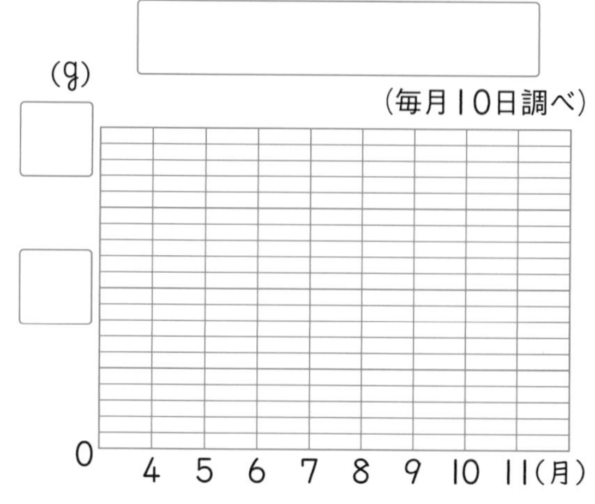

3 よく出る 下の表は、たけるさんのはんの１０人が、伝記と科学読み物について好きかどうかを調べたものです。1つ25〔50点〕

本調べ

	1	2	3	4	5	6	7	8	9	10
伝記	○	△	○	○	△	○	○	○	△	○
科学読み物	○	○	△	△	○	○	○	△	△	△

（○…好き、△…きらい）

本調べ　（人）

		科学読み物 好き	科学読み物 きらい	合計
伝記	好き	㋐	㋑	㋒
伝記	きらい	㋓	㋔	㋕
合計		㋖	㋗	㋘

❶ 上の表を右の表に整理します。表のあいているところに、あてはまる数をかきましょう。

❷ たけるさんは右の表の㋐に、ゆりさんは㋓に、ふみやさんは㋔にはいるそうです。上の表の９の人は、たけるさん、ゆりさん、ふみやさんのうちだれですか。

（　　　）

チェック
□折れ線グラフを使う場面がわかり、折れ線グラフがかけたかな？
□記録を表に整理して、その表をよみとることができたかな？

まとめのテスト②

時間 20分　とく点 /100点　おわったらシールをはろう

教科書 上 46～64ページ　答え 5ページ

1 右のグラフは、ある市の月ごとの最高(さいこう)気温と最低(さいてい)気温を表したものです。　1つ15〔60点〕

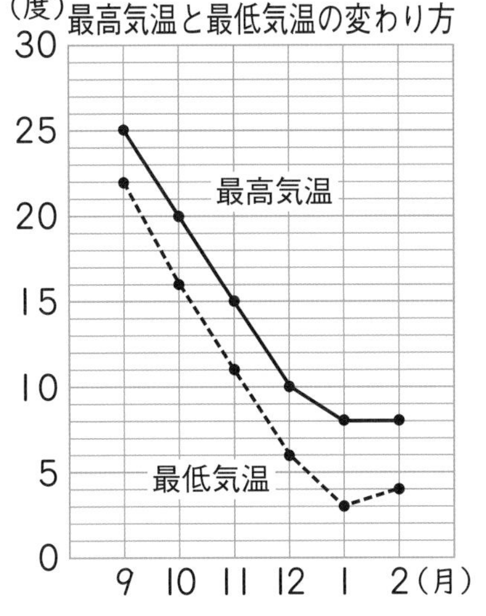

❶ 10月の最高気温は何度ですか。

(　　　　)

❷ 最高気温と最低気温の差(さ)が、いちばん大きいのは何月ですか。また、それは何度ですか。

月(　　　　)

気温(　　　　)

❸ 最高気温と最低気温では、どちらの変わり方が大きいといえますか。

(　　　　)

2 よく出る　あすかさんは、児童(じどう)館にいた4年1組と2組の児童たちの住んでいる町を調べて、下のように記録しました。　1つ20〔40点〕

組別と住んでいる町調べ　(人)

組	住んでいる町	組	住んでいる町	組	住んでいる町	組	住んでいる町
1組	西川町	2組	大山町	1組	西川町	1組	北町
1組	上林町	1組	北町	1組	大山町	2組	上林町
1組	西川町	2組	大山町	1組	西川町	2組	北町
2組	北町	2組	西川町	1組	上林町	2組	北町
2組	上林町	1組	上林町	2組	大山町	1組	北町

❶ この記録を、組別(べつ)と住んでいる町別に整理して、右の表にまとめましょう。

組別と住んでいる町調べ　(人)

組＼町	北町	大山町	上林町	西川町	合計
1組					
2組					
合計					20

❷ 人数がいちばん多いのは、1組と2組どちらの、どの町に住んでいる人ですか。

(　　　　)

チェック
□ 2つのグラフをいっしょにした折れ線グラフをよむことができたかな？
□ もれや重なりがないように記録を表に整理できたかな？

勉強した日 月 日

1 回転の角
2 角の大きさのはかり方 [その1]

きほんのワーク

学習の目標・
角の大きさの単位を知り、角のはかり方を身につけよう。

おわったらシールをはろう

教科書 上 66〜70ページ 答え 5ページ

きほん1 いろいろな角の大きさがわかりますか。

☆下の㋐から㋕の角で、直角になっているのはどの角ですか。

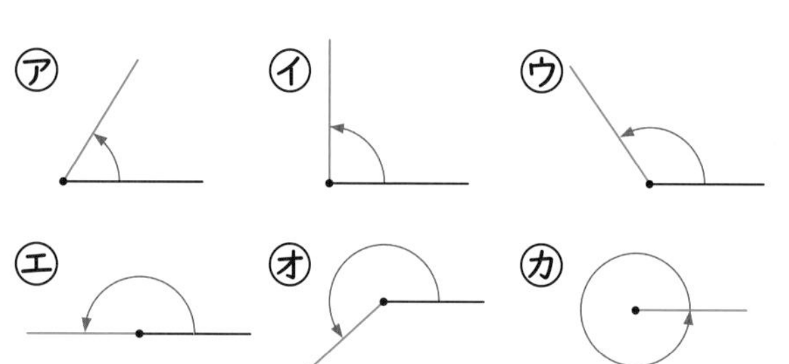

とき方 ㋑の角の大きさが直角で、㋓のように、半回転の角度は、直角 [ ] つ分で、㋕のように、1回転の角度は、直角 [ ] つ分です。

答え [ ]

1 右の図で、直角より小さい角はどれですか。

教科書 67ページ1

（　　　　）

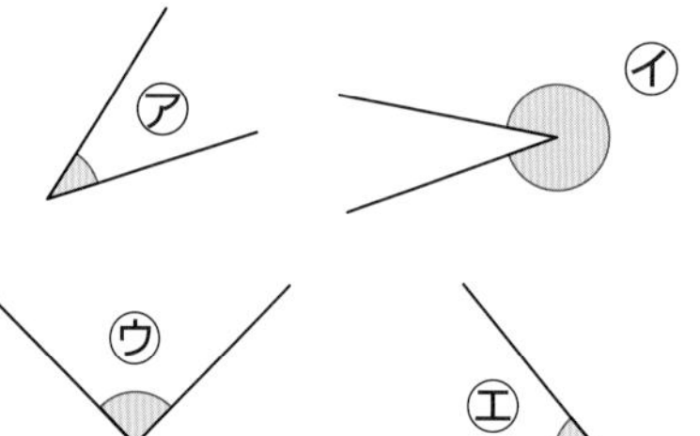

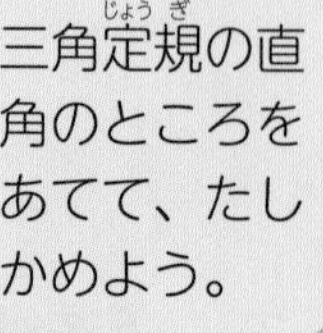

三角定規(じょうぎ)の直角のところをあてて、たしかめよう。

きほん2 角の大きさのはかり方がわかりますか。

☆下の図の㋐の角度は何度ですか。

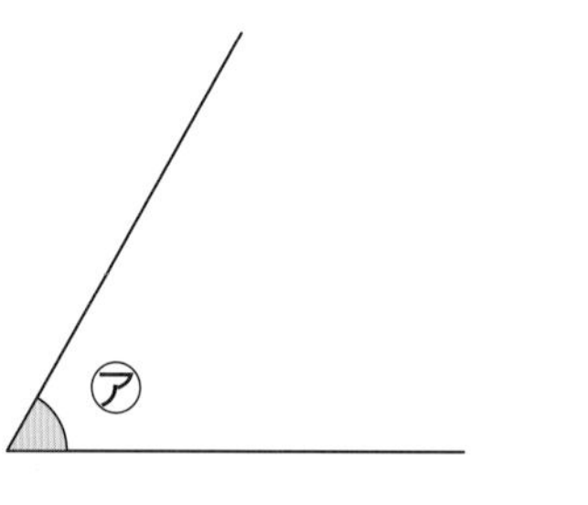

とき方 角度をはかるには、分度器(ぶんどき)を使います。

1 分度器の中心を頂点(ちょうてん)カにあわせる。

2 0°の線を辺(へん)カキにきちんと重ねる。

3 辺カクの上にあるめもりをよむ。（線が短ければ、のばしておく。）

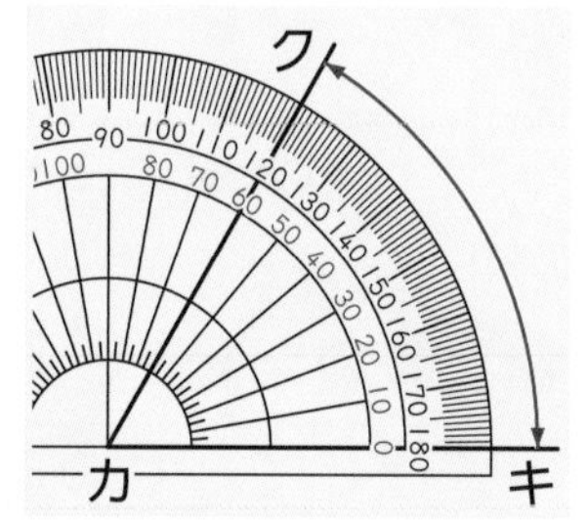

たいせつ

直角を90等分した1つ分の角の大きさを1度といい、1°とかきます。度は角の大きさを表す単位(たんい)で、**1直角＝90°**になっています。角の大きさのことを角度ともいいます。

答え [ ]°

直角よりも小さい角を「鋭角(えいかく)」といい、直角よりも大きく180°より小さい角を「鈍角(どんかく)」というよ。

2 分度器を使って、次の角度をはかりましょう。

❶

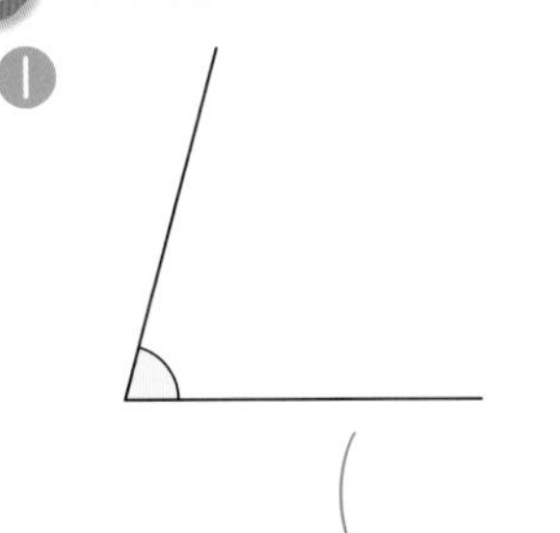

（　　　）

❷

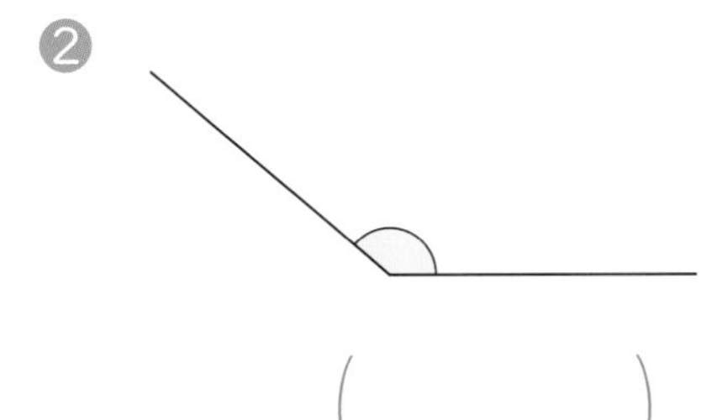

（　　　）

分度器の内側（うちがわ）と外側のどちらのめもりをよむのか注意しよう。

きほん3　180°より大きい角の大きさのはかり方がわかりますか。

☆㋐の角度は何度ですか。

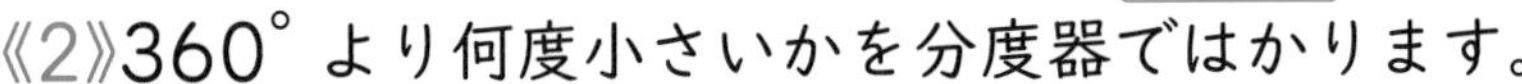

とき方 180°より大きい角度をはかるには、下の図の㋑や㋒の角度をはかってから、計算で求（もと）めます。

《1》180°より何度大きいかを分度器ではかります。

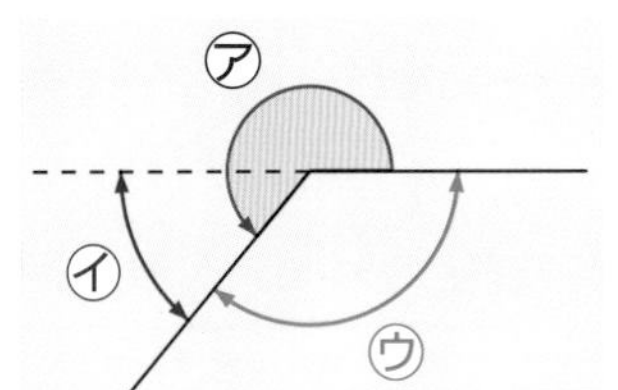

㋑の角度は □° だから、㋐の角度は、

180°＋㋑になります。⇒ 180°＋□°

《2》360°より何度小さいかを分度器ではかります。

㋒の角度は □° だから、㋐の角度は、

360°－㋒になります。⇒ 360°－□°

答え □°

3 次の角度は何度ですか。

❶

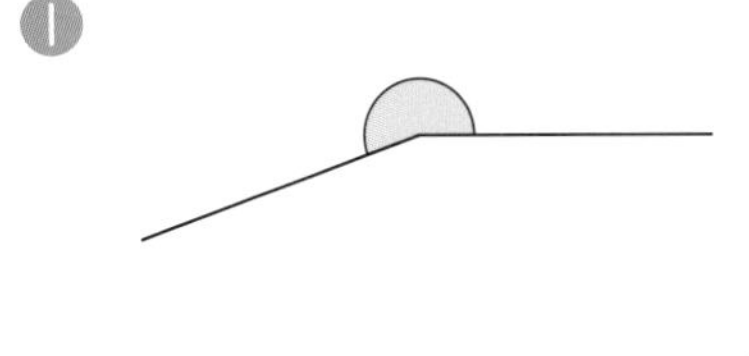

（　　　）

❷

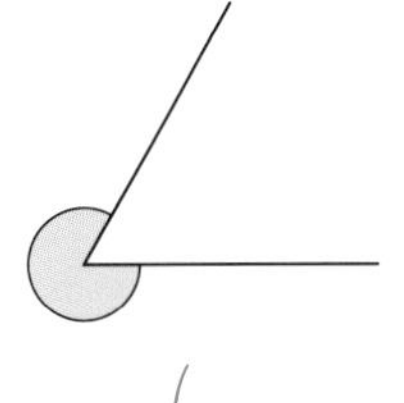

（　　　）

❸

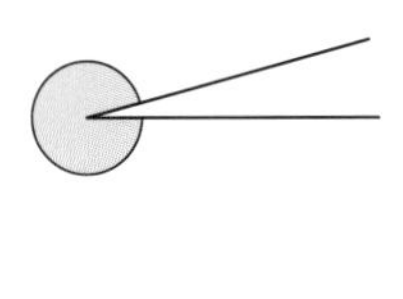

（　　　）

きほん4　向かいあった角の大きさがわかりますか。

☆㋐の角度は何度ですか。

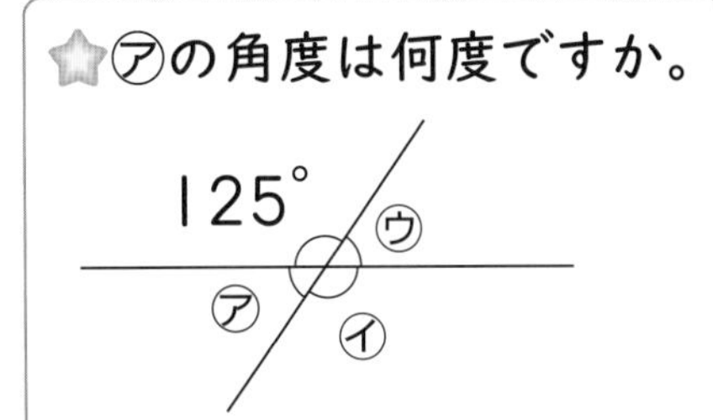

とき方 分度器を使ってはかることもできますが、一直線の角（180°）からひいて求めることもできます。㋐の角度は、

180°－□°

答え □°

4 きほん4の図で、㋑、㋒の角度は何度ですか。

㋑（　　　）　㋒（　　　）

ポイント 分度器を使って、角度をはかります。180°より大きい角もくふうしてはかれるようになりましょう。

２ 角の大きさのはかり方［その2］
３ 角のかき方

きほんのワーク

学習の目標　三角定規の角度を覚え、角のかき方を身につけよう。

おわったらシールをはろう

教科書 上 71～74ページ　答え 5ページ

きほん 1　三角定規の角の大きさがわかりますか。

☆三角定規を組みあわせて、下の図のような角をつくりました。㋐から㋔の角度は、それぞれ何度ですか。

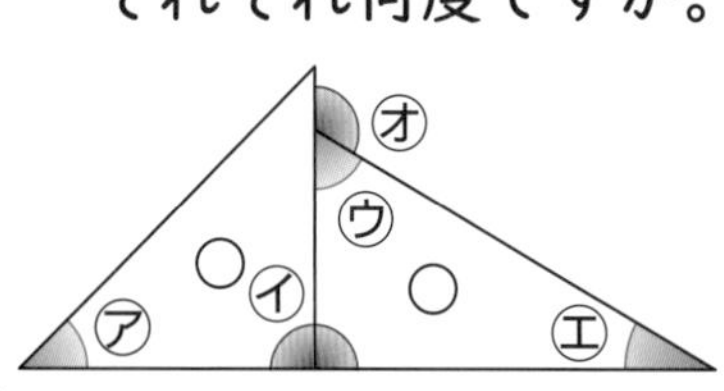

とき方　三角定規の角の大きさは下のようになっています。分度器ではかってたしかめましょう。

㋑は 90°が 2つ分で、㋔は 180°から㋒をひきます。

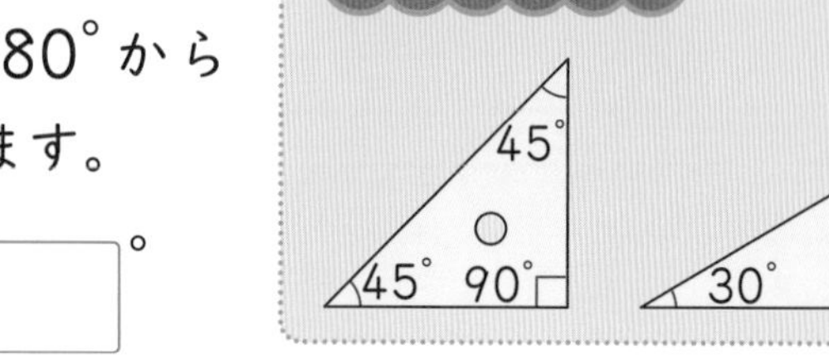

答え　㋐ □°

㋑ □°　㋒ □°　㋓ □°　㋔ □°

1 三角定規を組みあわせて、下の図のような角をつくりました。㋐から㋕の角度は、それぞれ何度ですか。

教科書 71ページ4

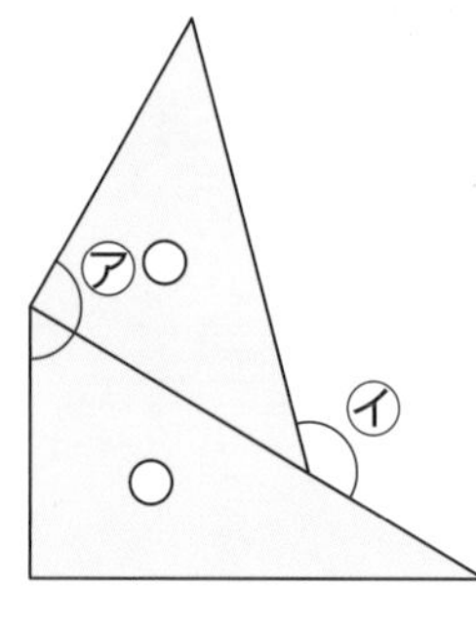

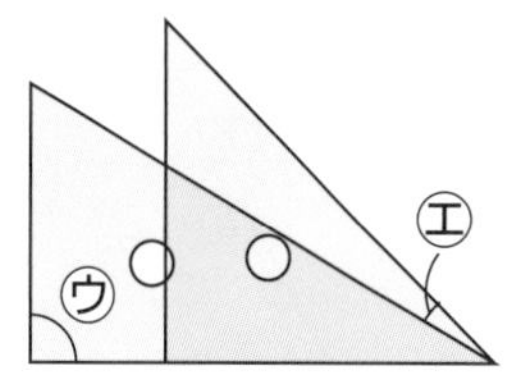

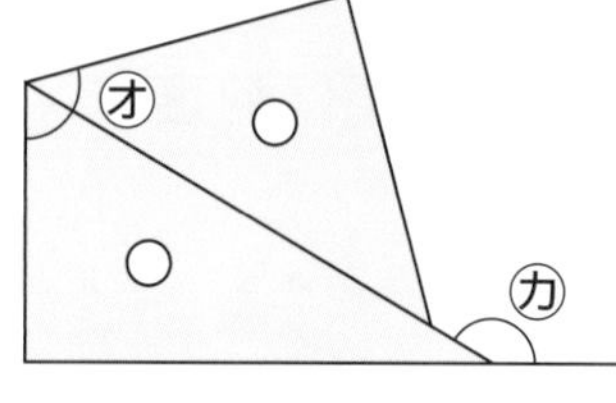

㋐（　　）　㋑（　　）　㋒（　　）

㋓（　　）　㋔（　　）　㋕（　　）

きほん 2　角をかくことができますか。

☆40°の角をかきましょう。

答え

とき方　分度器を使って、角をかきます。

1　辺アイをかく。

2　点アに分度器の中心をあわせ、辺アイに分度器の0°の線を重ねる。

3　分度器のめもりの40°のところに点ウをかく。

4　点アと点ウを通る直線をひく。

１度よりも小さい角を表すときは、１度の60分の１の角「１分（′）」を使うよ。
さらに、１分の60分の１の角が「１秒（″）」なんだ。

2 次の角をかきましょう。

教科書 73ページ1

❶ 30°

❷ 100°

❸ 210°

きほん 3 三角形がかけますか。

☆下の図のような三角形をかきましょう。

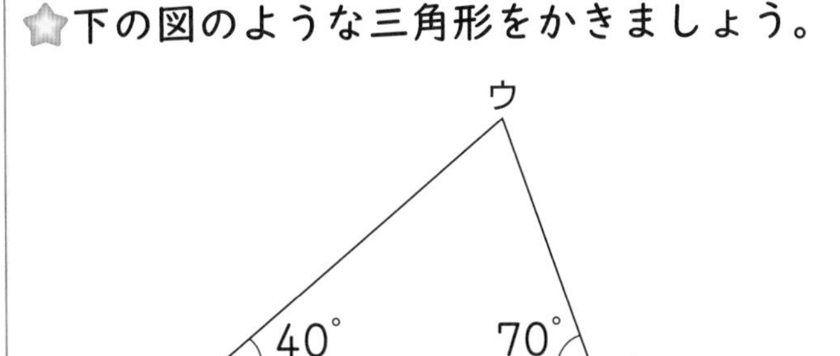

答え

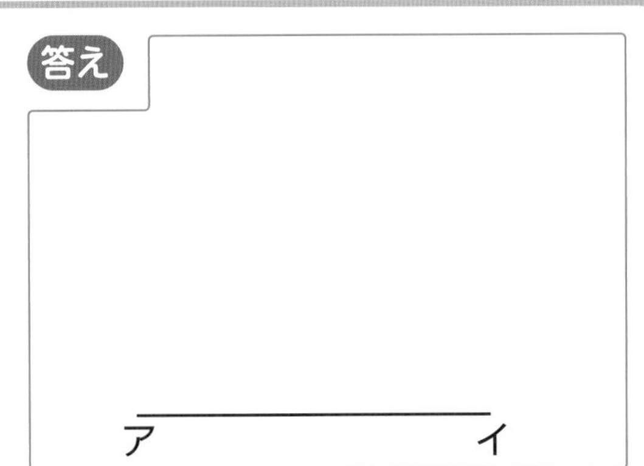

とき方

1 定規で 4cm の辺アイをかく。

2 点アに分度器の中心をあわせ、40° の角をかく。

3 点イに分度器の中心をあわせ、70° の角をかく。

4 2 つの直線が交わったところを点ウとする。

定規と分度器を使って三角形をかくよ。

3 次の三角形をかきましょう。

教科書 74ページ2

❶

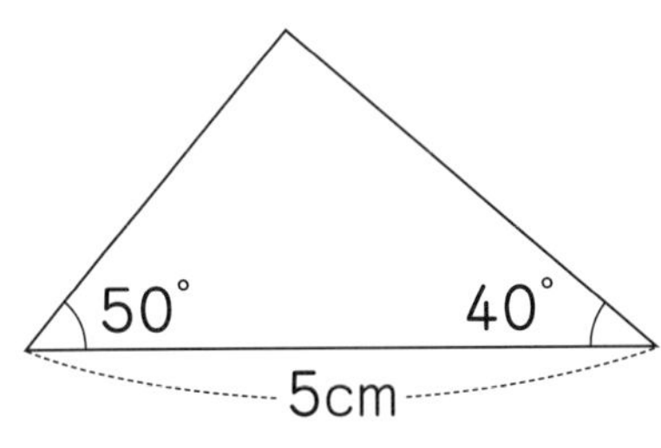

❷

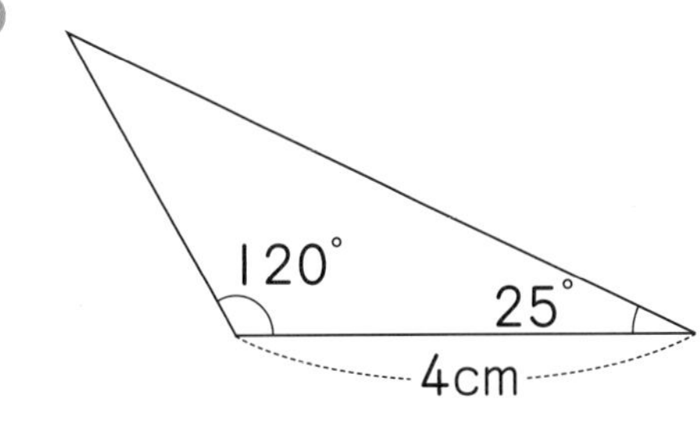

ポイント 分度器を使って、角をかきます。三角定規の角の大きさ(90°、60°、30° と 90°、45°、45°)は覚えておきましょう。また、正三角形の 1 つの角の大きさは 60° です。

勉強した日　月　日

練習のワーク

教科書　上 66〜76ページ　答え　6ページ

できた数　/13問中

おわったら シールを はろう

1 角の大きさ　□にあてはまる数をかきましょう。

❶ 90°は、直角□つ分の大きさです。

❷ 直角3つ分の大きさは、□°です。

❸ 1回転の角度は□°で、直角□つ分です。

❹ 半回転の角度は□°で、直角□つ分です。

❺ 直角を90等分した1つ分の角の大きさが□°です。

2 角の大きさ　次のㇾ、㋑、㋒の角度は何度ですか。

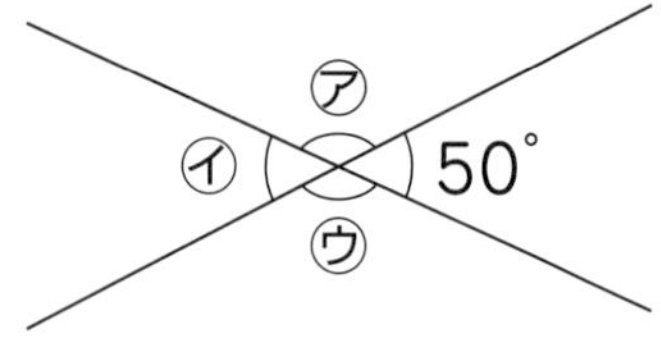

㋐（　　　）

㋑（　　　）

㋒（　　　）

3 角のかき方　次の角をかきましょう。

❶ 25°

❷ 310°

4 三角形のかき方　次の三角形をかきましょう。

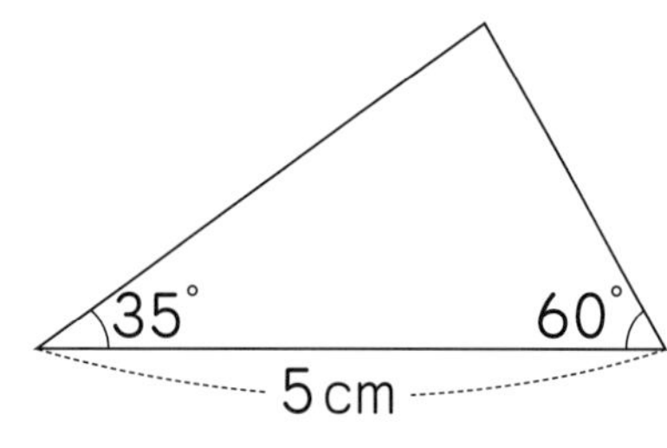

てびき

1 直角

直角は90°
直角2つ分は180°
直角3つ分は270°
直角4つ分は360°

2 向かいあう角

計算で求めることもできます。
㋐の角…一直線の角は180°だから、180°−50°で求められます。
この問題のように、向かいあう角（㋐と㋒、㋑と50°）は等しくなります。

3 180°より大きい角のかき方

❷ 180°より大きいときは、2つのかき方があります。
《1》180°より 310°−180°=130° 大きいと考えます。
《2》360°より 360°−310°=50° 小さいと考えます。

4 三角形のかき方

1 5cmの辺をかく。
2 両はしの点に分度器の中心をあわせて角をかく。
3 2つの直線が交わったところを残りの頂点とする。

できるナビ　分度器を使って角の大きさをはかったり、角をかいたりできるようにしよう。

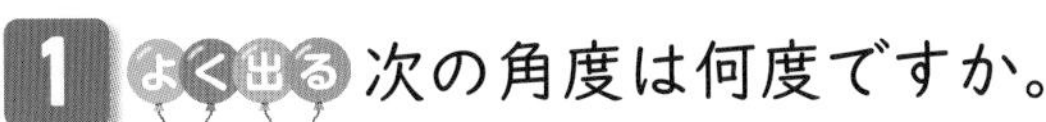

1 よく出る 次の角度は何度ですか。 1つ10〔20点〕

❶ 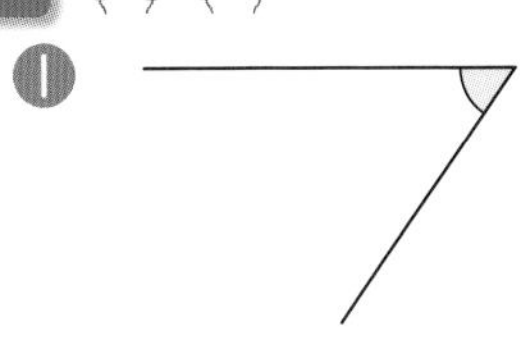

（　　　　）

❷ 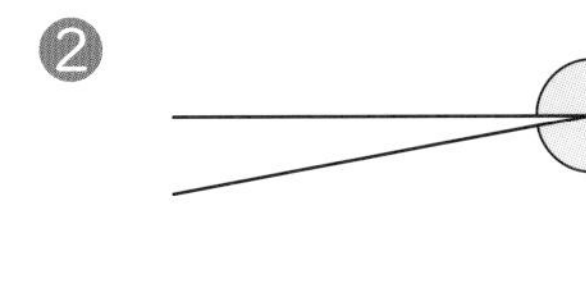

（　　　　）

2 次の角をかきましょう。 1つ10〔20点〕

❶ 175°

❷ 260°

3 次の㋐、㋑、㋒の角度は何度ですか。 1つ10〔30点〕

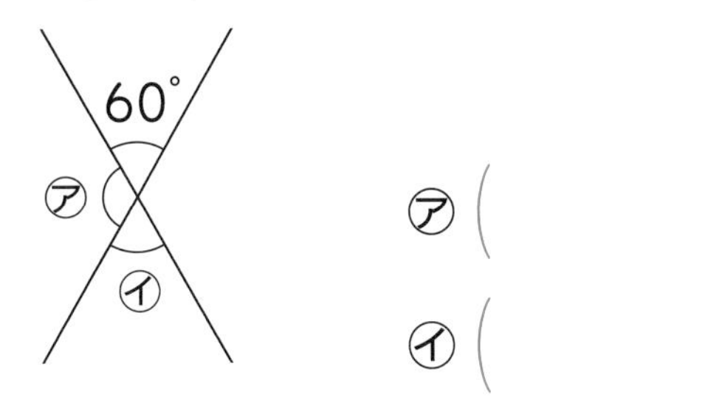

㋐（　　　　）

㋑（　　　　）

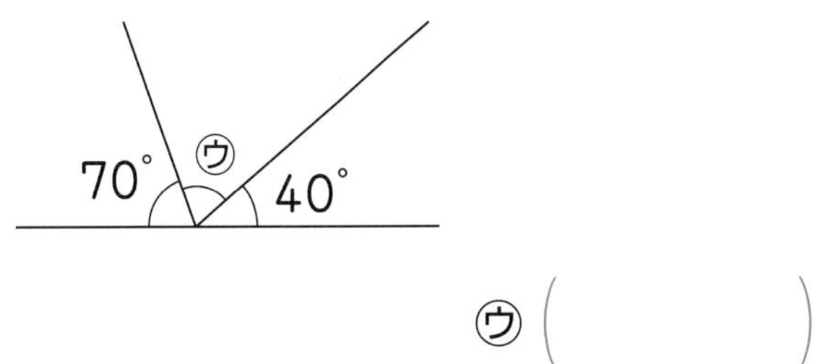

㋒（　　　　）

4 三角定規を組みあわせて、下の図のような角をつくりました。㋐、㋑の角度は何度ですか。 1つ10〔20点〕

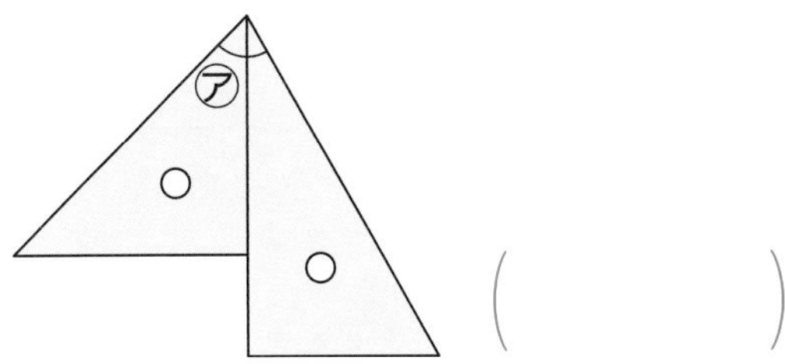

（　　　　）

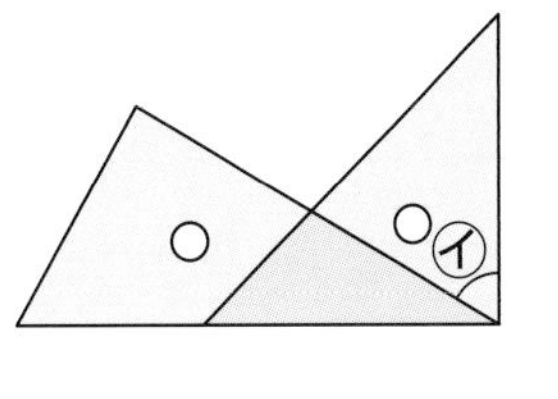

（　　　　）

5 次の三角形をかきましょう。 〔10点〕

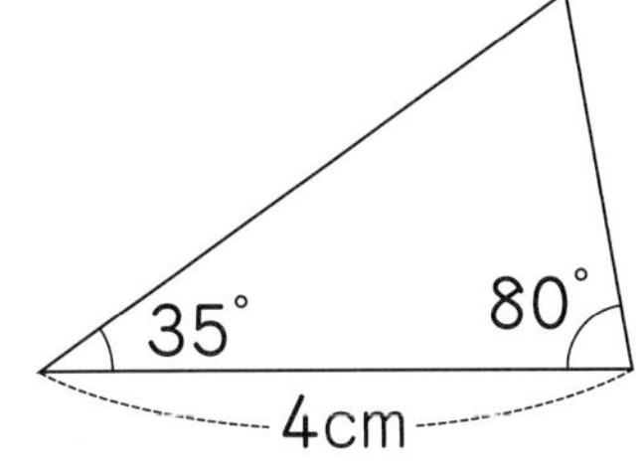

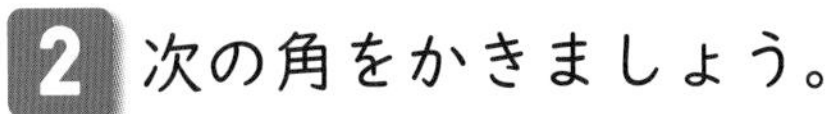

チェック
□角度をはかったり、計算で求めたりできたかな？
□角をかいたり、三角形をかいたりできたかな？

勉強した日　月　日

学習の目標
がい数を理かいし、求め方を身につけ、使えるようにしよう。

おわったらシールをはろう

1 がい数 [その1]

きほんのワーク

教科書 上 78～83ページ　答え 6ページ

きほん1 およその数の表し方がわかりますか。

☆次の数は、約(やく)何万人といえますか。

❶ 22215人　　❷ 27786人

とき方　約何万人というときは、千ごとの区切りを考えて、近いほうの数をとります。下の数直線からもわかるように、

数直線を見ながら、22215や27786が20000と30000の真ん中の25000より大きいか小さいかを考えていこう。

20000　25000　30000（人）

（千の位(くらい)の数字）0　1　3　4　5　6　7　9

22215　27786

❶ 22215は、30000より20000に近いので、約［　　］人といえます。

❷ 27786は、30000に近いので、約［　　］人といえます。

答え ❶ 約［　］万人　❷ 約［　］万人

たいせつ
およその数で表すときは「約」や「およそ」ということばをつけます。
およそ30000のことを約30000ともいいます。
また、およその数のことを、**がい数**といいます。

1 次の数直線を見て、答えましょう。　教科書 79ページ1

4万　㋐41500　㋑43920　㋒45550　㋓47260　㋔48700　5万

❶ ㋐、㋓は、それぞれ4万と5万のどちらに近いですか。

㋐（　　　）　㋓（　　　）

❷ ㋐から㋔は、それぞれ約何万といえばよいですか。

㋐（　　　）　㋑（　　　）

㋒（　　　）　㋓（　　　）

㋔（　　　）

さんすうはかせ　けた数の大きな数で正確(せいかく)に表さなくてもよいときにがい数を使うよ。たとえば、人口は約1億(おく)3千万人と表したり、国の予算は約100兆(ちょう)円と表したりしているよ。

きほん2 がい数の求め方がわかりますか。

☆283613について、四捨五入(ししゃごにゅう)して、次のがい数にしましょう。
❶ 千の位(くらい)までのがい数　❷ 上から2けたのがい数

とき方 ❶ がい数を求(もと)めるときは、求める位の１つ下の位の数字に目をつける 四捨五入 という方法(ほうほう)があります。千の位までのがい数にするときは、千の位の１つ下の百の位の数字が □ なので、切り上げます。

四捨五入する位を、まちがえないようにしよう。

❷ 上から2けたのがい数にするときは、283613の上から3けための数字が □ なので、切り捨(す)てます。

四捨五入のしかた

求める位の１つ下の位の数字が、
0、1、2、3、4のときは、
切り捨てます。
5、6、7、8、9のときは、
切り上げます。

❶ 283613 → 284000（１つ大きくする。／すべて0にする。）
❷ 283613 → 280000（すべて0にする。）

答え ❶ □　❷ □

2 4つの市の人口を調べたら、右のようになりました。　教科書 81ページ2

❶ 一万の位までのがい数にするとき、何の位の数字を見ればよいですか。（　　）

❷ 4つの市の人口を一万の位までのがい数にしましょう。

東市（　　）　西市（　　）

南市（　　）　北市（　　）

4つの市の人口(人)

東市	178320
西市	62873
南市	127038
北市	89265

3 四捨五入して、(　)の中の位までのがい数にしましょう。　教科書 81ページ2

❶ 264720（一万）（　　）　❷ 15863（一万）（　　）

❸ 46253（千）（　　）　❹ 29630（千）（　　）

4 四捨五入して、上から2けたのがい数にしましょう。　教科書 83ページ3

❶ 743105（　　）　❷ 652810（　　）

❸ 30928（　　）　❹ 897513（　　）

四捨五入するときは、がい数で表したい位のすぐ下の位に目をつけます。「上から○けたのがい数」にするときは、もとの数のけた数によって四捨五入する位が変(か)わります。

勉強した日　月　日

[1] がい数［その2］
[2] がい数の利用
きほんのワーク

学習の目標・
がい数の表すはんいを考えたり、グラフをかいたりしてみよう。

おわったらシールをはろう

教科書 上 84〜85ページ　答え 7ページ

きほん1　がい数の表すはんいがわかりますか。

☆四捨五入して、十の位までのがい数にしたとき、210 になる整数のうち、いちばん小さい数といちばん大きい数はいくつですか。

とき方　右の図から、一の位で四捨五入したとき、210 になる整数のはんいは、
［　　］から［　　］です。

たいせつ
一の位で四捨五入して 210 になる整数のはんいを、「205 以上 214 以下」または「205 以上 215 未満」といいます。
以上…その数と**等しい**か、その数**より大きい**数を表す。
以下…その数と**等しい**か、その数**より小さい**数を表す。
未満…その数**より小さい**数を表す（その数ははいらない）。

答え
いちばん小さい数［　　］
いちばん大きい数［　　］

1 四捨五入して、百の位までのがい数にしたとき、2800 になる整数のはんいを、以上、未満を使って表しましょう。　教科書 84ページ4

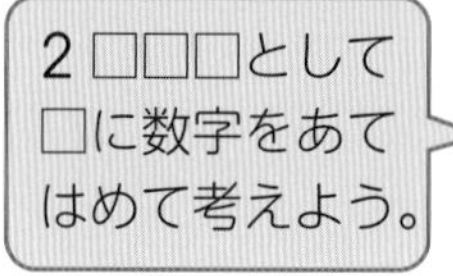

（　　　　）

2 十の位で四捨五入をすると、7500 になる整数は、□の中にそれぞれどんな数字がはいるときですか。全部かきましょう。　教科書 84ページ4

❶ 74□0　（　　　　）

❷ 7□65　（　　　　）

3 次のあからかの数の中で、四捨五入して一万の位までのがい数にしたとき、230000 になる数をすべて選び、記号で答えましょう。　教科書 84ページ4

あ 231900	い 240735	う 226195
え 235000	お 233333	か 224999

（　　　　）

さんすうはかせ
がい数は、細かな数が必要でなく、大まかに数の大きさがわかればよいときに使うよ。生活の中では、「およそ 3000 人」「約 50000 円」「だいたい 20km」などと使うよ。

きほん2 がい数を利用できますか。

☆下の表は、4つの町の小学生の人数を調べたものです。これを、下のぼうグラフに表しましょう。

小学生の人数　（人）

東町	西町	南町	北町
741	487	203	556

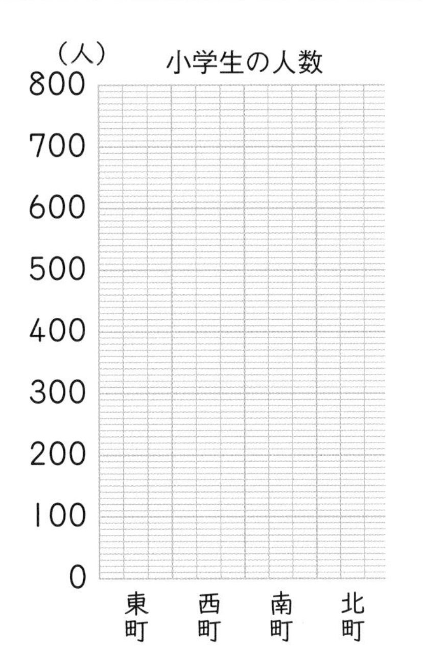

とき方 決められた大きさにグラフをかくときは、グラフのめもりにあわせて、それぞれの数をがい数で表します。

グラフのたてのじくの1めもりは［　］人を表すので、人数を四捨五入して、十の位までのがい数にします。

東町は［　］人、

西町は［　］人、

南町は［　］人、

北町は［　］人です。

答え 左の問題に記入

4 下の表は、あきらさんの市の園児（えんじ）、児童（じどう）、生徒（せいと）の人数を調べたものです。

教科書 85ページ1

園児、児童、生徒の人数　（人）

	人数	がい数
ようち園	1526	㋐
小学校	4391	㋑
中学校	2262	㋒
高等学校	1968	㋓

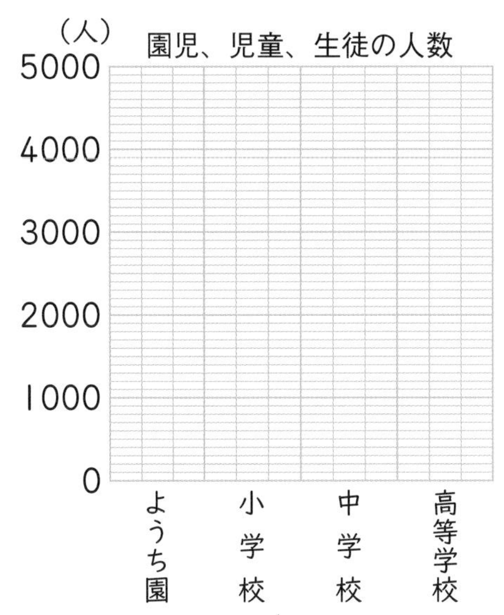

❶ 上の表の人数を四捨五入して、上から2けたのがい数で表し、表にかき入れましょう。

❷ ぼうグラフをかきましょう。

ポイント きほん1で、がい数のはんいを小数まで広げたときは、214.9なども一の位で四捨五入すると210となるから、214以下ではなく、215未満の数と考えます。

勉強した日　月　日

練習のワーク

教科書 ㊤78～88ページ　答え 7ページ

できた数　/8問中

1 およその数 がい数で表してよいものをすべて選(えら)び、記号で答えましょう。

㋐ 100m泳ぐのにかかった時間

㋑ 1年間に海外旅行に行った人数

㋒ プール内の水のかさ

㋓ バスケットボールの試合(しあい)でとったとく点

(　　　　)

2 がい数の求め方 四捨五入(ししゃごにゅう)して、(　)の中の位(くらい)までのがい数にしましょう。

❶ 17481（千）　(　　　　)

❷ 359621（千）　(　　　　)

❸ 756723（一万）　(　　　　)

❹ 821900（十万）　(　　　　)

3 がい数のはんい 十の位で四捨五入すると、7100になる整数のはんいを、以上(いじょう)、未満(みまん)を使って表しましょう。

(　　　　)

4 がい数の利用 A町の人口が8680人で、B町の人口が11027人です。これを1000人を1cmとして、ぼうグラフに表します。

❶ A町の人口を表すぼうの長さは何cmになりますか。

(　　　　)

❷ B町の人口を表すぼうの長さは何cmになりますか。

(　　　　)

てびき

1 およその数
およその数は正確(せいかく)に表さなくてもよいときに使います。

2 がい数の求め方
がい数にするには、四捨五入がよく使われます。
0、1、2、3、4のときは切り捨(す)て、
5、6、7、8、9のときは切り上げます。
四捨五入するときは、四捨五入する位に注意しましょう。

3 がい数のはんい
はんいを表すときに使う「以上」「以下(いか)」「未満」の意味をたしかめておきましょう。

たいせつ
以上…その数と等しいか、その数より大きい。
以下…その数と等しいか、その数より小さい。
未満…その数より小さい(その数はいらない)。

4 それぞれの人数を四捨五入して千の位までのがい数にします。

できるナビ　どの位の数字に目をつけてがい数にするのかに気をつけましょう。

1 次のあからかの数の中で、千の位で四捨五入すると、40000 になる数をすべて選び、記号で答えましょう。〔16点〕

あ 44382　　い 36425　　う 34990

え 35017　　お 45164　　か 41708

（　　　　　）

2 よく出る 次の数を四捨五入して、上から 2 けたのがい数にしましょう。1つ8〔32点〕

❶ 1437（　　　　）　❷ 206845（　　　　）

❸ 95068（　　　　）　❹ 197200（　　　　）

3 四捨五入して、百の位までのがい数にしたとき、200 になる整数のはんいを、以上、以下を使って表しましょう。〔12点〕

（　　　　　）

4 下の表は、ある動物園の入場者数を調べたものです。1つ8〔40点〕

動物園の入場者数　（人）

	人数	がい数
4月	3108	㋐
5月	6554	㋑
6月	4820	㋒
7月	5361	㋓

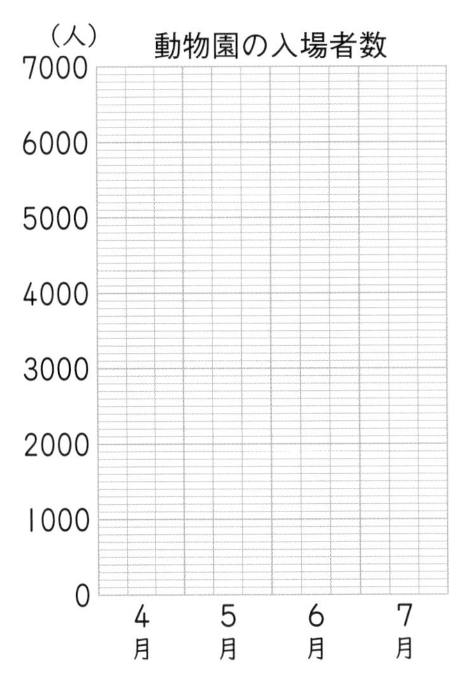

❶ 上の表の人数を四捨五入して、百の位までのがい数で表し、表にかき入れましょう。

❷ ぼうグラフをかきましょう。

チェック
□ がい数に表すことができたかな？
□ がい数からもとの数のはんいを表すことができたかな？

勉強した日　　月　　日

1 小数
2 小数のしくみ
きほんのワーク

学習の目標
0.1 より小さい数の表し方やしくみを理かいしよう。

おわったら シールを はろう

教科書 上 90〜98ページ　答え 8ページ

きほん 1　0.1 より小さいはしたの数の表し方がわかりますか。

☆下の図に表した水のかさは、何 L ですか。

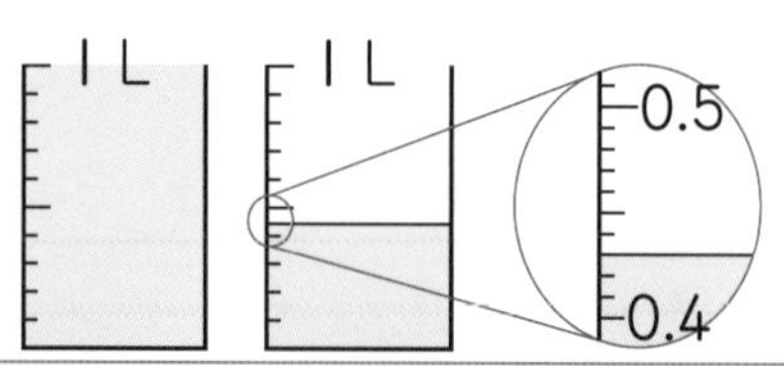

小数点より下の位(くらい)は、数字をそのままよむよ。1.43 は「一点四(よん)三(さん)」だね。

とき方　1 L の $\frac{1}{10}$ は 0.1 L です。0.1 L の $\frac{1}{10}$ を 0.01 L とかいて、「れい点れい一リットル」とよみます。

左の図では、水は 1 L が 1 こ分の 1 L と、0.1 L が □ こ分の □ L と、0.01 L が □ こ分の □ L あるので、あわせて □ L です。

答え □ L

1 下の図で、水のかさは何 L ですか。　教科書 91ページ1

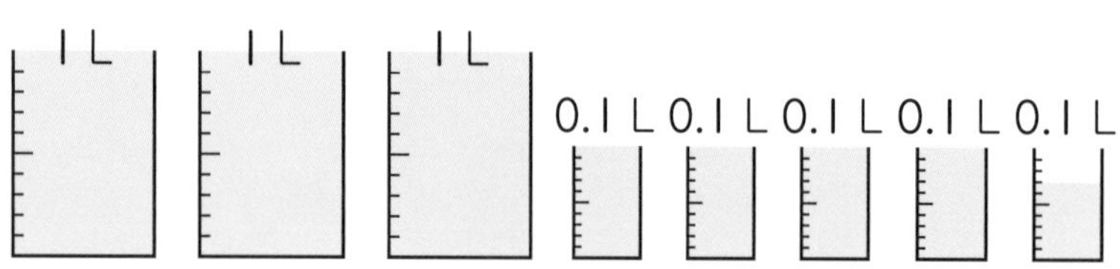

(　　　　)

2 1 m 75 cm を、m の単位(たんい)で表しましょう。　教科書 91ページ1

(　　　　)

きほん 2　単位をかえて表せますか。

☆3426 m を km の単位で表しましょう。

とき方　3426 m を分けて考えます。

3000 m は 1 km が 3 こで…3 km
400 m は 0.1 km が 4 こで…0.4 km
20 m は 0.01 km が 2 こで…□ km
6 m は 0.001 km が 6 こで…□ km

あわせて 3426 m…□ km

たいせつ
1000 m ……………… 1 km
100 m　1 km の $\frac{1}{10}$ …… 0.1 km
10 m …0.1 km の $\frac{1}{10}$ …… 0.01 km
1 m …0.01 km の $\frac{1}{10}$ … 0.001 km
0.01 の $\frac{1}{10}$ を 0.001 とかき、「れい点れいれい一」とよみます。

答え □ km

さんすうはかせ　整数や小数は、0、1、2、3、4、5、6、7、8、9 の 10 この数字と小数点を使うと、どんな大きい数でも、どんな小さい数でも表すことができるよ。

3 (　)の中の単位で表しましょう。　　教科書 93ページ2

❶ 4653 m（km）　❷ 1865 g（kg）　❸ 390 g（kg）

(　　　)　(　　　)　(　　　)

きほん3 小数のしくみがわかりますか。

☆6.375 は、1、0.1、0.01、0.001 をそれぞれ何こあわせた数ですか。

6	．	3	7	5
一の位	小数点	$\frac{1}{10}$の位（小数第一位）	$\frac{1}{100}$の位（小数第二位）	$\frac{1}{1000}$の位（小数第三位）

とき方 それぞれの数字の位を表していくと、右のようになります。

6.375 は、6 と 0.3 と 0.07 と 0.005 をあわせた数です。

6 は、1 を □ こ、0.3 は、0.1 を □ こ、0.07 は、0.01 を □ こ、0.005 は、0.001 を □ こあわせた数です。

答え 1 □ こ　0.1 □ こ　0.01 □ こ　0.001 □ こ

ちゅうい $\frac{1}{10}$、$\frac{1}{100}$、$\frac{1}{1000}$ の位の数字は、それぞれ 0.1、0.01、0.001 のこ数を表しています。

4 4.68 について答えましょう。　　教科書 95ページ2 96ページ3

❶ 8 は何の位の数字ですか。　(　　　)

❷ 0.01 を何こ集めた数ですか。　(　　　)

5 □にあてはまる不等号(ふとうごう)をかきましょう。　　教科書 97ページ4

❶ 2.4 □ 2.35　❷ 0.39 □ 0.392　❸ 4.85 □ 5.2

6 0.85 を 10 倍した数、$\frac{1}{10}$ にした数をかきましょう。　　教科書 98ページ6

10 倍した数 (　　　)　$\frac{1}{10}$ にした数 (　　　)

ポイント 小数も整数と同じように、10 倍または $\frac{1}{10}$ ごとに位をつくって表します。

勉強した日　月　日

学習の目標
$\frac{1}{100}$の位まではんいを広げてたし算やひき算ができるようにしよう。

おわったらシールをはろう

3 小数のたし算とひき算

きほんのワーク

教科書 上 99〜103ページ　答え 8ページ

ふくしゅう　できるかな？

例　次の計算をしましょう。

❶ 0.3＋0.4　❷ 1.2−0.5

考え方　小数のたし算・ひき算は、0.1が何こ分かを考えると、整数のたし算・ひき算と同じように計算できます。

❶ 0.3は0.1が3こ、0.4は0.1が4こ、あわせて0.1が7こだから、0.3＋0.4＝0.7

❷ 1.2は0.1が12こ、0.5は0.1が5こ、ちがいは0.1が7こだから、1.2−0.5＝0.7

問題　次の計算をしましょう。

❶ 0.5＋0.4　❷ 1.8＋0.5

❸ 0.9−0.2　❹ 1.3−0.7

きほん 1　小数のたし算ができますか。

☆重さ1.35kgの箱に、みかんを7.86kg入れます。全体の重さは何kgになりますか。

とき方　式は、1.35＋□です。小数のたし算は、次のように考えます。

《1》0.01をもとにして考えると、

1.35は　0.01が□こ

7.86は　0.01が□こ

あわせて　0.01が□こ

だから□

《2》位（くらい）ごとに分けて考えると、

1.35は　1と0.3と□

7.86は　7と0.8と□

あわせて　8と1.1と□

だから□

答え □kg

1 麦茶がペットボトルに1.46L、ポットに2.78Lはいっています。麦茶は全部で何Lありますか。

教科書 99ページ 1

式

答え（　　）

小数はいくらでも細かく分けられる量（りょう）である長さや重さなどを表すのによく使われるよ。たとえば、五円玉のあつさは1.5mm、重さは3.75gだよ。

きほん2 小数のたし算を筆算でできますか。

☆2.73＋1.52 の計算を筆算でしましょう。

とき方 小数のたし算の筆算は、小数点をそろえて位ごとにかいて、右の位から計算します。

1 位をそろえてかく。
2 整数のたし算と同じように計算する。
3 上の小数点にそろえて、和の小数点をうつ。

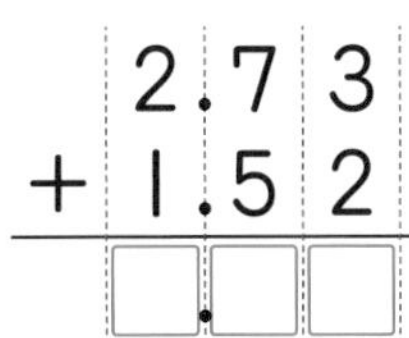

答え ［　　　］

2 次の計算をしましょう。

❶ 5.04＋2.18　❷ 7.32＋0.98

❸ 6.84＋2.7　❹ 2＋3.51

きほん3 小数のひき算ができますか。

☆いずみさんの家から駅まで1.91 km あります。家から駅に向かって0.85 km 歩きました。駅まで、あと何 km 残(のこ)っていますか。

とき方 式は、1.91－［　　　］です。小数のひき算も、たし算と同じようにできます。筆算は次のようにします。

1.91 －0.85	➡	1.91 －0.85 □□□	➡	1.91 －0.85 □.□□
位をそろえてかく。		整数のひき算と同じように計算する。		上の小数点にそろえて、差(さ)の小数点をうつ。

答え ［　　　］km

3 次の計算をしましょう。

❶ 4.73－3.22　❷ 7.52－6.84

❸ 9.37－2.87　❹ 5－3.29

ポイント 小数のたし算・ひき算は0.1や0.01、0.001が何こ分と考えると、整数と同じように計算できます。筆算のときは小数点をそろえてかくことに注意しましょう。

勉強した日 月 日

教科書 上 90〜105ページ 答え 8ページ

できた数 /12問中

1 小数の表し方 下の数直線で、❶、❷のめもりにあたる長さを、mの単位(たんい)で表しましょう。

2m50cm ❶ 2m70cm ❷ 2m90cm

❶ (　　　) ❷ (　　　)

2 小数の大きさ □にあてはまる不等号(ふとうごう)をかきましょう。

❶ 3.7 □ 3.724　❷ 2.64 □ 2.637

3 小数のたし算・ひき算 次の計算をしましょう。

❶ 5.98＋3.46　❷ 0.83＋2.9

❸ 3＋4.46　❹ 5.21－2.39

❺ 6.47－3.67　❻ 8－7.23

4 小数のたし算の文章題 リボンを 1.32 m 使ったら、残(のこ)りは 5.68 m になりました。はじめにリボンは何 m ありましたか。

式

答え (　　　)

5 小数のひき算の文章題 ランドセルの重さをはかると 758 g でした。あと何 kg で、1 kg になりますか。

式

答え (　　　)

てびき

1 小数の表し方

1 m の $\frac{1}{10}$ の 10cm は 0.1 m、0.1 m の $\frac{1}{10}$ の 1 cm は 0.01 m です。

2 数直線に表したり、0.001 のいくつ分の大きさかを考えたりして、数の大きさをくらべます。

3 小数のたし算・ひき算の筆算

ちゅうい

筆算でかくときは**位(くらい)をそろえてかく**ことに注意します。

4 筆算は次のようになります。

```
  1.3 2
+ 5.6 8
-------
  7.0 0
```

小数点より右の最後(さいご)の 0 は消します。

5 1 は 1.000 と考えて計算します。758 g＝0.758 kg なので、筆算は、次のようになります。

```
  1.0 0 0
- 0.7 5 8
---------
  0.2 4 2
```


できるナビ　小数のけた数のはんいが広がっても、3年のときと考え方は同じです。位取りをまちがえないように気をつけましょう。

時間 20分

とく点 /100点

おわったら シールを はろう

1 次の数をかきましょう。 1つ6〔12点〕

❶ 0.192 を 10 倍した数

❷ 8.35 を $\frac{1}{10}$ にした数

( ) ( )

2 よく出る 次の計算をしましょう。 1つ7〔42点〕

❶ 4.38＋0.92

❷ 3.6＋2.98

❸ 5＋1.97

❹ 7.02－5.68

❺ 4.5－1.52

❻ 6－3.45

3 □にあてはまる数をかきましょう。 1つ5〔10点〕

❶ 1 を 2 こと、0.1 を 8 こと、0.01 を 4 こあわせた数は □ です。

❷ 0.743 は 0.001 を □ こ集めた数です。

4 □にあてはまる数をかきましょう。 1つ5〔20点〕

❶ 5.24 は、1 を □ こ、0.1 を □ こ、0.01 を □ こあわせた数です。

❷ 5.24 は、0.01 を □ こ集めた数です。

5 ジュースがペットボトルに 1.35 L、びんに 0.76 L はいっています。いっしょにすると、ジュースは何 L になりますか。 1つ8〔16点〕

式

答え ( )

ふろくの「計算練習ノート」16～18ページをやろう！

□ 小数の大きさやしくみがわかったかな？
□ 小数のたし算やひき算ができ、文章題がとけたかな？

勉強した日　月　日

1 何十でわる計算
2 2けたの数でわる計算(1) [その1]

きほんのワーク

学習の目標
2けたの数でわる計算を考え、筆算でできるようにしよう。

おわったらシールをはろう

教科書 ㊤110～115　答え 8ページ

きほん1 何十でわる計算のしかたがわかりますか。

☆60まいの色紙を、1人に20まいずつ分けると、何人に分けられますか。

とき方　60まいの色紙を同じ数ずつ分けるので、わり算で計算します。式は、60 □ □ で、10をもとにして考えると、60÷20の商は6÷2の商と同じだから、
60÷20＝□

答え □ 人

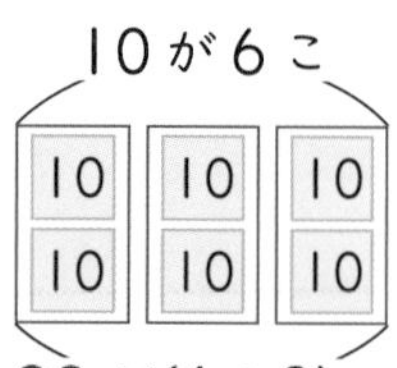

60から20は何ことれるか考えるんだね。

1 わり算をしましょう。　教科書 111ページ 1 2

❶ 80÷40　❷ 210÷70　❸ 400÷50

きほん2 何十でわる計算のあまりを求めることができますか。

☆150÷40の計算をしましょう。

とき方　10をもとにして考えると、
150÷40＝3 あまり □
↓
15÷4＝3 あまり 3
10が3こ

答え □

あまりの大きさに注意しよう。

2 わり算をしましょう。　教科書 112ページ 3

❶ 270÷60　❷ 850÷90　❸ 360÷70

❹ 700÷80　❺ 90÷20　❻ 70÷30

さんすうはかせ
【外国の筆算(1)】外国のわり算の筆算のかき方は日本のとはちがっているよ。いろいろと調べてみよう。おとなりの韓国(かんこく)では同じようにかくんだ。

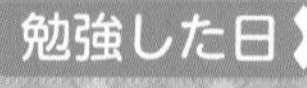

きほん3 2けたの数でわる筆算のしかたがわかりますか。

☆93÷22 の計算をしましょう。

とき方 筆算では、わられる数 93 を 90、わる数 22 を 20 とみて、商の見当をつけます。商のたつ位（くらい）に注意しましょう。

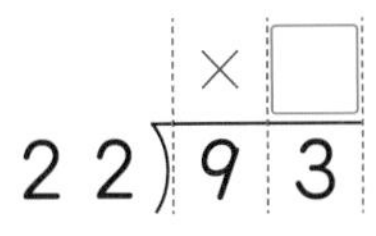

90÷20 とみて商の 4 を一の位にたてる。

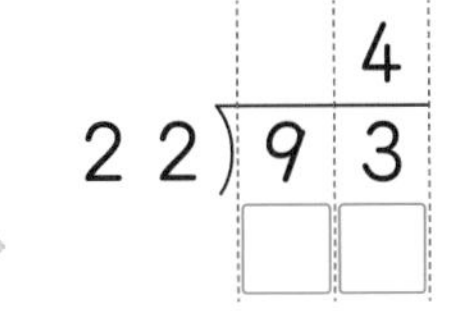

22 と 4 をかける。

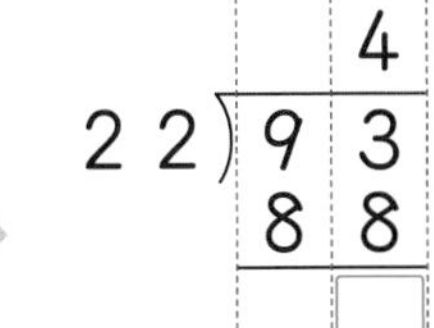

93 から 88 をひく。

わる数の 22 より小さい数が出たら、その数があまりになる。

たいせつ

わる数×商＋あまり＝わられる数の式にあてはめて、22×4＋5 が 93 になるか、たしかめましょう。

答え

3 わり算をして、答えのたしかめをしましょう。

教科書 113ページ1

❶ 21)89

❷ 43)90

❸ 37)75

たしかめ（　　　　）　たしかめ（　　　　）　たしかめ（　　　　）

きほん4 見当をつけた商が大きすぎたとき、どうするかわかりますか。

☆85÷23 の計算をしましょう。

とき方 わられる数 85 を 80、わる数 23 を 20 とみて、商の見当をつけます。

20×4＝80 だから、商には 4 がたちそうだね。

ちゅうい

わる数を何十とみて、商の見当をつけます。見当をつけた商が大きすぎたときは、商を 1 ずつ小さくしていきます。

$$\begin{array}{r} 4 \\ 23\overline{)85} \end{array} \xrightarrow{\text{1 小さくする}} \begin{array}{r} 3 \\ 23\overline{)85} \\ 69 \\ \hline \end{array}$$

ひけない

答え

4 わり算をしましょう。

教科書 115ページ23

❶ 24)85

❷ 13)81

❸ 14)62

❹ 29)81

ポイント 2けたの数でわり算をするときは、何十の数と考えて、商の見当をつけてから計算しましょう。

勉強した日　月　日

② 2けたの数でわる計算(1)［その2］

学習の目標
わられる数が3けたでも、わり算の筆算ができるようにしよう。

おわったらシールをはろう

きほんのワーク

教科書 116~117ページ　答え 9ページ

きほん1 (3けた)÷(2けた)の筆算ができますか。

☆43このビーズを使ってブレスレットを1こつくります。365このビーズでは、ブレスレットはいくつできて、ビーズは何こあまりますか。

とき方 求める式は 365 [ ][ ] です。わられる数の365を360、わる数の43を[ ]とみて、商の見当をつけて計算します。

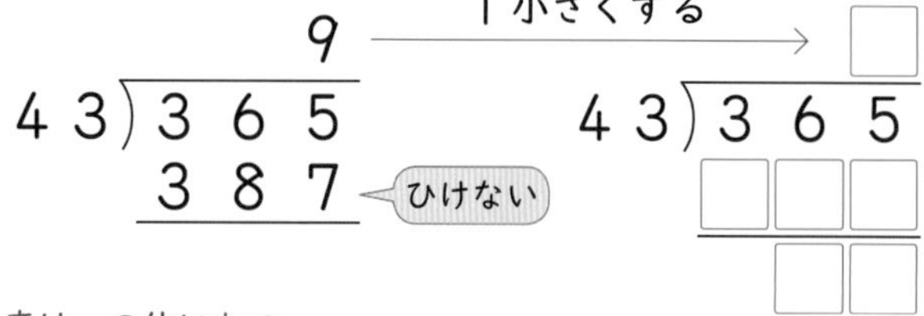

商は一の位にたつ。
360÷40とみて商の見当をつける。

わる数の43より小さいことをたしかめる。

答え [ ]こできて、[ ]こあまる。

1 わり算をしましょう。　教科書 116ページ4

❶ 74)428

❷ 54)310

❸ 38)236

きほん2 見当をつけた商が10になるときの筆算ができますか。

☆623÷68の計算をしましょう。

とき方 623は68の10倍より小さいので、商は一の位からたちます。

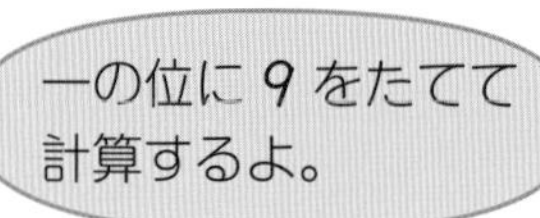

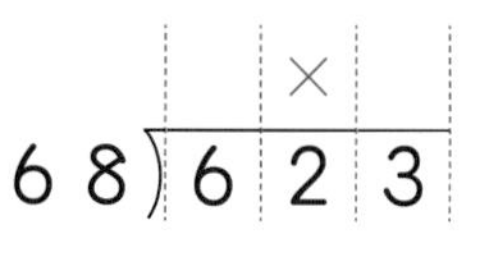

623は68の10倍より小さいので、十の位には商はたたない。

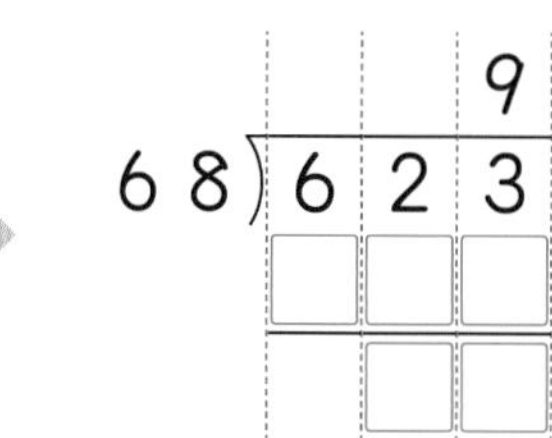

一の位に商をたてて計算する。

答え [ ]

さんすうはかせ
【外国の筆算(2)】48÷9＝5あまり3の筆算を右のようにかいたりする国もあるよ。
① 48 : 9 (5 / 45 / 3)　② 48 : 9 = 5 / 45 / 3

2 わり算をしましょう。 教科書 116ページ5

❶ 47)438　　❷ 56)540　　❸ 29)253

きほん3 見当をつけた商が小さすぎたとき、どうするかわかりますか。

☆69÷17の計算をしましょう。

とき方 筆算をするときは、わる数17を20とみて、商の見当をつけます。

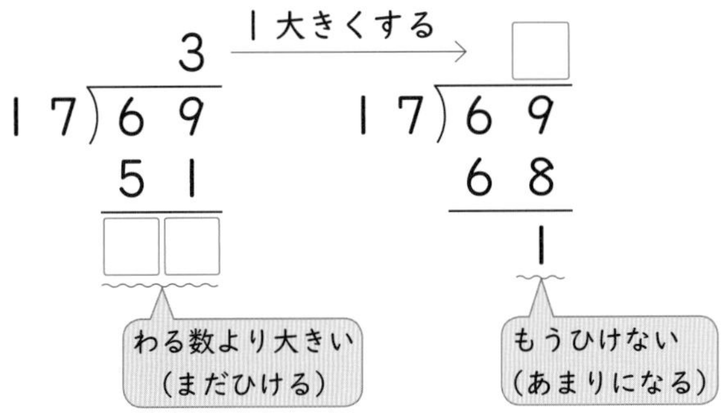

20×3=60だから、商には3がたちそうだね。

ちゅうい
69÷17で、わる数の17を10とみて商の見当をつけても、69と17を四捨五入（ししゃごにゅう）して70÷20とみて商の見当をつけてもかまいません。わられる数とわる数を四捨五入して、商の見当をつけることもあります。

答え

3 わり算をしましょう。 教科書 117ページ6

❶ 17)55　　❷ 15)84　　❸ 16)75　　❹ 27)89

4 折（お）り紙が67まいあります。15人に同じ数ずつ配ると、1人分は何まいになって、何まいあまりますか。 教科書 117ページ6

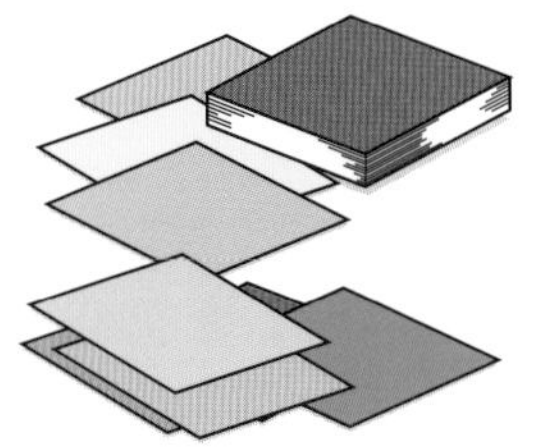

式

答え（　　　　　　）

ポイント 見当をつけた商が大きすぎたときは1ずつ小さくし、小さすぎたら1ずつ大きくしていきます。

勉強した日　月　日

3 2けたの数でわる計算(2)
4 わり算のきまり

きほんのワーク

学習の目標
わり算の筆算のしかたやくふうして計算するしかたを身につけよう。

おわったらシールをはろう

教科書　上 118〜123　答え 9ページ

きほん1 商が十の位からたつ筆算ができますか。

☆384÷25 の計算をしましょう。

とき方　どの位(くらい)から商がたつかを見つけるため、百の位からずらしながら、見当をつけていきます。

答え □

十の位の計算

25)384
　　25
　　□□

十の位に 1 をたてる。
25 と 1 をかける。
38 から 25 をひく。

一の位の計算

25)384 商 1□
　　25
　　134
　　125
　　　□

一の位に 5 をたてる。
25 と 5 をかける。
134 から 125 をひく。

25×15+9 が 384 になるか、たしかめておこう。

1 わり算をしましょう。　教科書 118ページ1

① 36)462　② 29)928　③ 17)500

きほん2 筆算のしかたがくふうしてできますか。

☆607÷56 を計算しましょう。

とき方　商の見当をつけて、わり算をします。

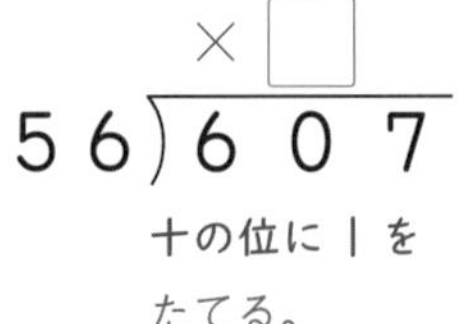

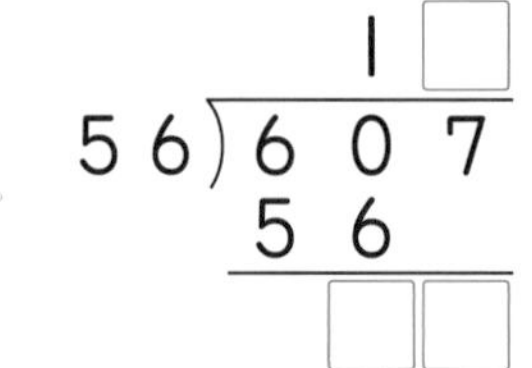

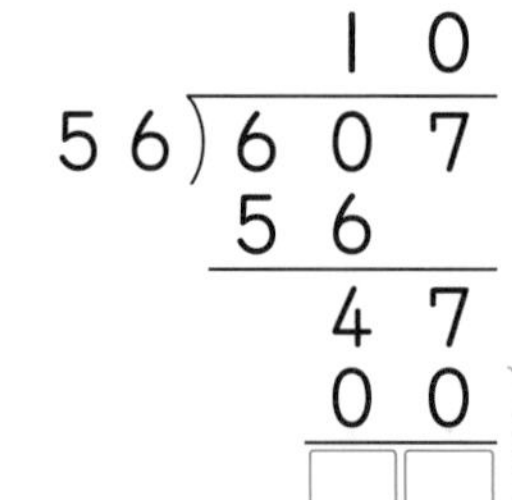

かかずにはぶくことができる。

商の一の位に、0 をかきわすれないようにしよう。

答え □

2 わり算をしましょう。　教科書 120ページ2

① 23)690　② 39)795　③ 17)862

さんすうはかせ　【外国の筆算 (3)】筆算の形はちがっても、どれも たてる → かける → ひく → おろす のくり返しをすることは同じだよ。

きほん3 わり算のきまりを使って、くふうして計算できますか。

☆180÷60 を計算しましょう。

とき方 わり算のきまりを使って、わられる数とわる数を 10 でわって考えます。

180÷60＝□
↓÷10 ↓÷10
18 ÷ 6 ＝ 3

答え □

たいせつ
わり算では、わられる数とわる数を同じ数でわっても、同じ数をかけても、商は変わりません。

180÷60＝3
↓÷10 ↓÷10
18 ÷ 6 ＝3
↓×10 ↓×10
180÷60＝3
変わらない。

3 くふうして計算しましょう。 教科書 122ページ2

❶ 630÷90　❷ 480÷80

❸ 400÷25　❹ 450÷15

❺ 560÷14　❻ 920÷40

❸は、25×4＝100 を使うといいよ。
❺は、わられる数とわる数を 7 でわってみよう。

きほん4 終わりに 0 のある数のわり算をくふうしてできますか。

☆2400÷500 の計算を筆算でしましょう。

とき方 終わりに 0 のある数のわり算は、右のように、わる数の 0 とわられる数の 0 を、同じ数だけ消してから筆算で計算することができます。あまりを求めるときは、消した 0 の数だけあまりに □ をつけます。

答え □

```
         4
500)2400
        20
        ──
         4
```
あまりは→ 400 になる。

たいせつ

の式にあてはめて、たしかめをしましょう。

4 わり算をしましょう。 教科書 123ページ34

❶ 8600÷600　❷ 6500÷400　❸ 7000÷300

ポイント わり算のきまりを使うと、計算がしやすくなり便利です。あまりには、消した 0 の数だけ 0 をつけることをわすれないようにしましょう。

勉強した日 月 日

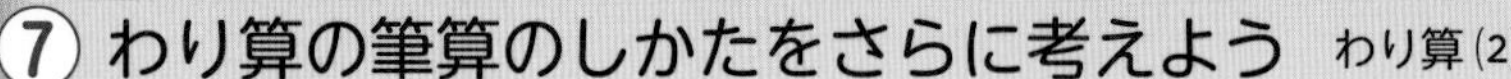

練習のワーク①

教科書 上 110〜125ページ　答え 9ページ

できた数 /15問中

おわったらシールをはろう

1 何十でわる計算　わり算をしましょう。

❶ 180÷90　❷ 530÷60

2 商が１けたになるわり算の筆算　わり算をしましょう。

❶ 96÷32　❷ 71÷24

❸ 68÷25　❹ 156÷39

❺ 243÷46　❻ 703÷78

3 商が２けたになるわり算の筆算　わり算をしましょう。

❶ 329÷25　❷ 935÷47

❸ 670÷33　❹ 794÷26

4 (3けた)÷(2けた)の文章題　485まいの色画用紙を、23人に同じ数ずつ配ります。１人分は何まいになって、何まいあまりますか。

式

答え（　　　　）

5 計算のくふう　くふうして計算しましょう。

❶ 540÷90　❷ 600÷25

1 何十でわる計算
10をもとにして計算します。

あまりは、10×(あまりの数)になることに注意しましょう。

2 **3** わり算の筆算
商の見当をつけてから計算しましょう。わられる数やわる数を何百何十や何十とみて考えます。

4 たしかめ
あまりがあるときは わる数×商＋あまり の式にあてはめて、答えをたしかめましょう。

5 わり算のきまり
わり算では、わられる数とわる数を同じ数でわっても、わられる数とわる数に同じ数をかけても、商は変わらないことを利用します。

わり算のきまりを使って、くふうして計算しよう。

できるナビ　商の見当をつけてから計算しましょう。見当をつけた商が大きかったり、小さかったりしたときは、１ずつ小さくしたり、大きくしたりして商を見つけます。

練習のワーク②

教科書 ㊤110〜125ページ　答え 9ページ

できた数　/11問中

おわったらシールをはろう

1 商がたつ位　次のわり算の商は、何の位(くらい)からたちますか。

❶ 24)97　　❷ 58)470　　❸ 46)970

(　　　)　(　　　)　(　　　)

2 2けたの数でわるわり算の筆算　わり算をしましょう。

❶ 320÷40　　❷ 75÷25

❸ 95÷18　　❹ 512÷64

❺ 378÷42　　❻ 923÷56

3 (2けた)÷(2けた)の文章題　えんぴつが72本あります。1人に13本ずつ配ると、何人に配れて、何本あまりますか。

式

答え(　　　　)

4 (3けた)÷(2けた)の文章題　トラックで荷物を385こ運びます。1台のトラックには荷物を45こまで積(つ)めます。全部運ぶのに、トラックは何台いりますか。

式

答え(　　　　)

てびき

1 商がたつ位

たいせつ

わられる数とわる数の大きさをくらべて、どの位から商がたつかを考えます。

2 わり算の商の見当

商の見当をつけてから計算します。見当をつけた商が大きかったり、小さかったりしたときは、1ずつ小さくしたり、大きくしたりして商をたてます。

3 わられる数、わる数が何になるかを考えて式に表します。あまりがあるときは、答えのたしかめをしましょう。

4 わり算をして、あまりが出たときは、あまりの分だけ運ぶのに、もう1台トラックが必要(ひつよう)になることをわすれないようにしましょう。

できるナビ　商のたつ位に気をつけて計算できるようにしましょう。

1 よく出る わり算をしましょう。 1つ6〔36点〕

❶ 78÷39 ❷ 81÷27 ❸ 498÷83

❹ 342 : 46 ❺ 741 : 57 ❻ 850 : 18

2 わり算をして、答えをたしかめる式をかきました。もとのわり算の式と答えをかきましょう。 〔8点〕

たしかめ 24×38＋14＝926

（　　　　　）

3 子ども会に65人参加しました。ゲームをするので、13人ずつのグループをつくることにしました。13人のグループはいくつできますか。 1つ8〔16点〕

式

答え（　　　）

4 1本65円のえんぴつを買います。950円では何本買えて、何円あまりますか。 1つ8〔16点〕

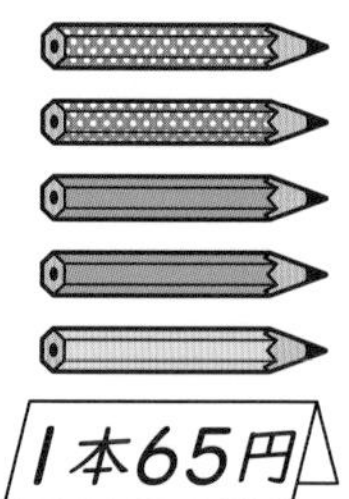

式

答え（　　　　　）

5 わり算のきまりを使って、□にあてはまる数をかきましょう。 1つ6〔24点〕

❶ 200÷25＝□÷100
＝□

❷ 840÷35＝□÷5
＝□

□2けたの数でわる計算が正しくできたかな？
□2けたの数でわる計算を使って問題をとくことができたかな？

まとめのテスト2

教科書 上 110〜125ページ　答え 10ページ

時間 20分

おわったら シールを はろう

1 よく出る わり算をしましょう。　1つ6〔36点〕

❶ 56÷16　❷ 80÷28　❸ 276÷46

❹ 364÷42　❺ 864÷21　❻ 698÷29

2 ある数を 25 でわると、商が 5 であまりは 5 でした。この数を 30 でわると、答えはいくつになりますか。　1つ8〔16点〕

式

答え（　　　）

3 折り紙が 300 まいあります。36 人に同じ数ずつ分けると、1 人分は何まいになって、何まいあまりますか。　1つ8〔16点〕

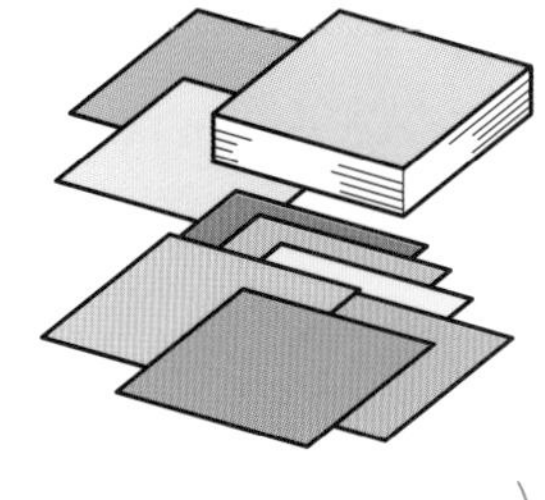

式

答え（　　　）

4 ひろきさんの学校の 3 年生と 4 年生のあわせて 208 人が、55 人乗りのバスで遠足に行きます。バスは最低何台必要ですか。　1つ8〔16点〕

式

答え（　　　）

5 右のわり算で、商が 10 より小さくなるのは、□がどんな数字のときですか。あてはまる数字を全部かきましょう。　〔16点〕

64)6□7

（　　　）

ふろくの「計算練習ノート」8〜13ページをやろう！

□ 2 けたの数でわる計算ができ、あまりも求められたかな？
□ どの位から商がたつかわかったかな？

勉強した日 月 日

1 倍の計算
2 かんたんな割合

きほんのワーク

学習の目標
何倍かを求めたり、割合を使ってくらべたりできるようにしよう。

おわったらシールをはろう

教科書 上 126~132ページ　答え 10ページ

きほん 1 何倍かを求めることができますか。

☆ビルの高さは 60 m で、学校の高さは 15 m です。ビルの高さは、学校の高さの何倍ですか。

とき方 何倍かを求める式は、

□算になります。

式は、60 □ 15＝□ で、

□倍です。

ビルの高さ 0 60(m)
学校の高さ 15(m)
0 1 □(倍)

答え □ 倍

1 あめが、ふくろの中に 18 こ、びんの中に 126 こはいっています。びんにはいっているあめの数は、ふくろにはいっているあめの数の何倍ですか。 教科書 126ページ1

式

答え（　　　）

きほん 2 1 とみた大きさを求めることができますか。

☆ゆみさんの学校の 4 年生は 84 人で、ゆみさんのクラスの人数の 3 倍です。ゆみさんのクラスの人数は何人ですか。

とき方 ゆみさんのクラスの人数を□人として、かけ算の式に表すと、□×□＝□

□にあてはまる数は、

84 □ 3＝□ となります。

4 年生の人数 84(人)
クラスの人数 □(人)
0 1 3(倍)

答え □ 人

1 つの数をもとにして、くらべるもう 1 つの数が何倍かを考えるときや、1 とみた大きさを求めるときにも「わり算」を使うよ。

2 物語の本のページ数は 256 ページで、絵本のページ数の 8 倍あります。絵本は何ページありますか。

教科書 129ページ3

式

答え（　　　　）

きほん3 割合を使ってくらべることができますか。

☆右の表のようなゴムがあります。どちらのゴムがよくのびるといえますか。

	もとの長さ(cm)	のばした長さ(cm)
㋐のゴム	30	90
㋑のゴム	60	120

とき方　のばした長さが、もとの長さの何倍になっているかでくらべます。

㋐のゴム

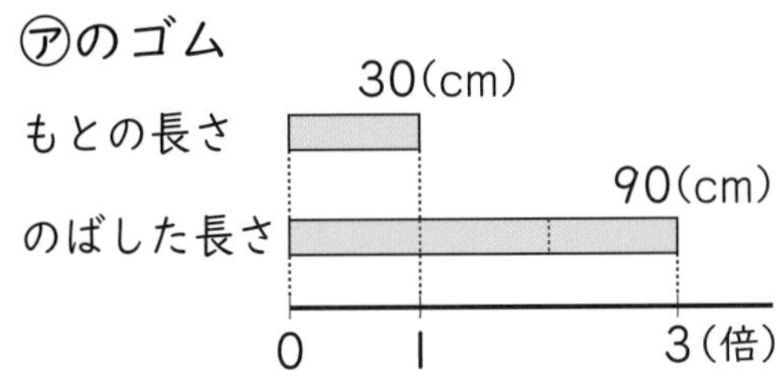

90÷30=□

㋐のゴムは□倍にのびている。

㋑のゴム

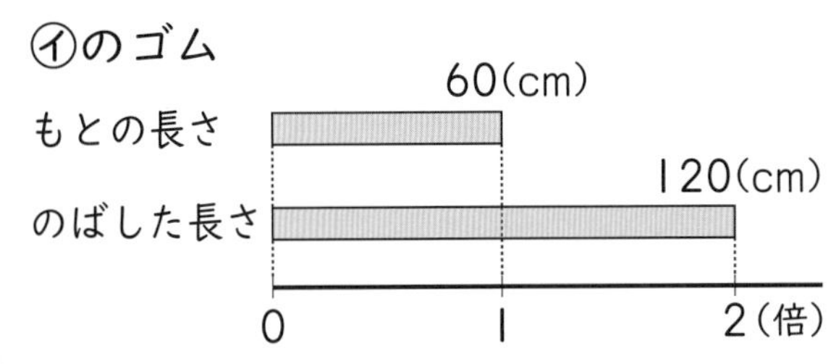

120÷60=□

㋑のゴムは□倍にのびている。

このように何倍にあたるかを表した数を割合（わりあい）というよ。

3 ある店で売っている㋐と㋑のおかしで、10 年前と今年のねだんをくらべました。どちらが大きくねだんが上がったといえますか。

教科書 130ページ1

	10年前(円)	今年(円)
㋐のおかし	200	600
㋑のおかし	400	800

式

答え（　　　　）

ポイント 2 つの数量（りょう）をくらべるとき、1 つの数量がもう 1 つの数量の何倍になるかを考えてくらべることがあります。この「何倍」を表した数を割合といいます。

勉強した日 月 日

練習のワーク

教科書 ㊤126〜133ページ 答え 10ページ

できた数 /4問中

1 倍の計算 お父さんの体重は 87kg で、さやかさんの体重は 29kg です。お父さんの体重は、さやかさんの体重の何倍ですか。

式

答え（　　　　）

2 何倍かした大きさ 赤い花は 80 本あり、白い花は赤い花の 3 倍あります。白い花は何本ありますか。

式

答え（　　　　）

3 もとにする大きさ 色紙を、ひろみさんは妹の 4 倍の 56 まい持っています。妹は、色紙を何まい持っていますか。

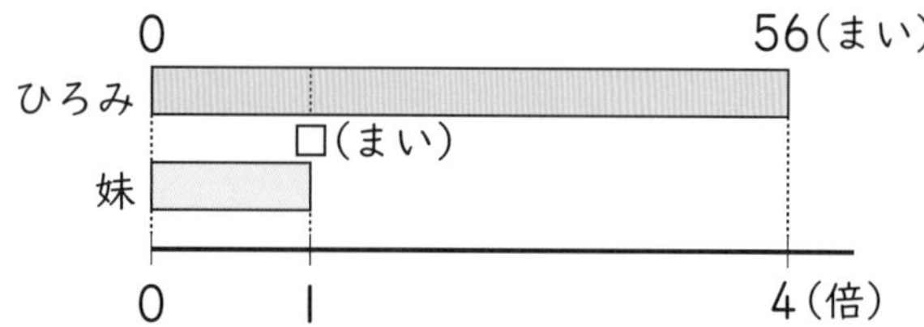

式

答え（　　　　）

4 くらべ方 右の表のようなゴムがあります。どちらのゴムがよくのびるといえますか。

	もとの長さ(cm)	のばした長さ(cm)
㋐のゴム	20	80
㋑のゴム	30	90

答え（　　　　）

てびき

1 倍の計算
□倍と考えて式に表すと 29×□＝87 です。□にあてはまる数はわり算で求められます。

2 いくつ分かの計算
何倍かした大きさは、もとにする大きさのいくつ分かを考えます。

3 1にあたる大きさ
図を見て考えるとわかりやすいです。妹の色紙のまい数を□まいとしてかけ算の式で表すと、□×4＝56 です。□にあてはまる数はわり算で求められます。

4 くらべ方
のばした長さがもとの長さの何倍になるかを㋐のゴムと㋑のゴムでくらべます。

たいせつ
2つの数量の関係をくらべるとき、1つの数量がもう1つの数量の何倍にあたるかを表した数を割合といいます。

できるナビ もとにする大きさは、1にあたる大きさとして考えます。

1 よく出る シールをゆいかさんは 78 まい、妹は 13 まいもっています。ゆいかさんがもっているシールのまい数は、妹がもっているシールのまい数の何倍ですか。

1つ10〔20点〕

式

答え（　　　　）

2 赤いリボンは 360 cm で、青いリボンは 90 cm です。青いリボンの長さを 1 とみると、赤いリボンの長さはいくつにあたりますか。

1つ10〔20点〕

式

答え（　　　　）

3 小さい水そうには、27 ひきのめだかがいて、大きい水そうには、小さい水そうにいるめだかの数の 3 倍のめだかがいます。大きい水そうには、何びきのめだかがいますか。

1つ10〔20点〕

式

答え（　　　　）

4 プールのおとなの入場料は 750 円で、子どもの入場料の 5 倍です。子どもの入場料は何円ですか。

1つ10〔20点〕

式

答え（　　　　）

5 あるお店で売っている S（エス）サイズと M（エム）サイズのポテトの量がふえました。どちらが大きくふえたといえますか。

1つ10〔20点〕

式

	ふえる前の重さ(g)	ふえた後の重さ(g)
Sサイズ	50	150
Mサイズ	100	200

答え（　　　　）

チェック
□もとにする大きさを 1 とみて、問題をとくことができたかな？
□割合（わりあい）を使って 2 つの量をくらべることができたかな？

勉強した日　月　日

1 数の表し方
2 たし算とひき算
きほんのワーク

学習の目標・
そろばんを使って、たし算やひき算ができるようにしよう。

おわったらシールをはろう

教科書 上 134～136ページ　答え 11ページ

きほん1 そろばんの数の表し方がわかりますか。

☆そろばんに入れた次の数を数字でかきましょう。

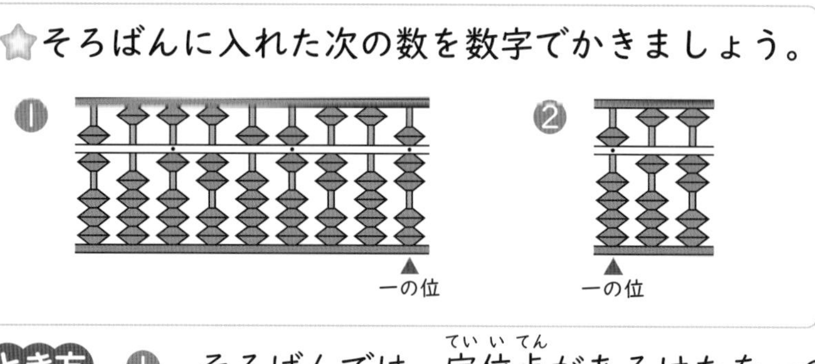

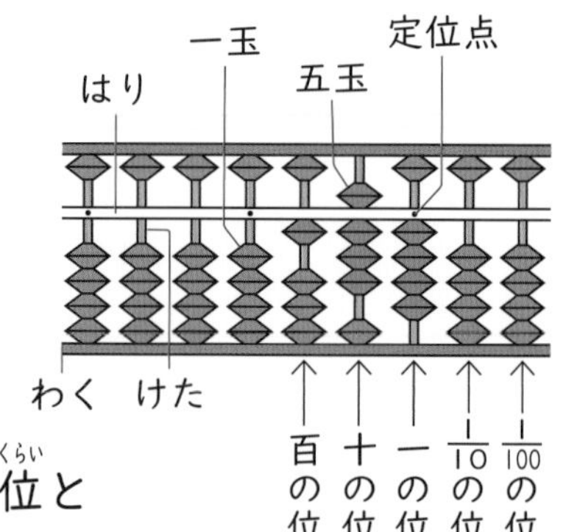

とき方 ❶ そろばんでは、定位点（ていいてん）があるけたを一の位（くらい）とし、左へ十、百、千、……のように位が決まります。

一億（おく）の位が 6、千万の位が 0、百万の位が □、十万の位が □、一万の位が 5、千の位が □、百の位が 2、十の位が □、一の位が 7 なので、□ です。

❷ 定位点があるけたを一の位として表しているので、そろばんに小数を表すこともできます。

一の位が 5、$\frac{1}{10}$ の位が □、$\frac{1}{100}$ の位が □ なので、□ です。

答え ❶ □　❷ □

1 そろばんに入れた次の数を数字でかきましょう。　教科書 134ページ1

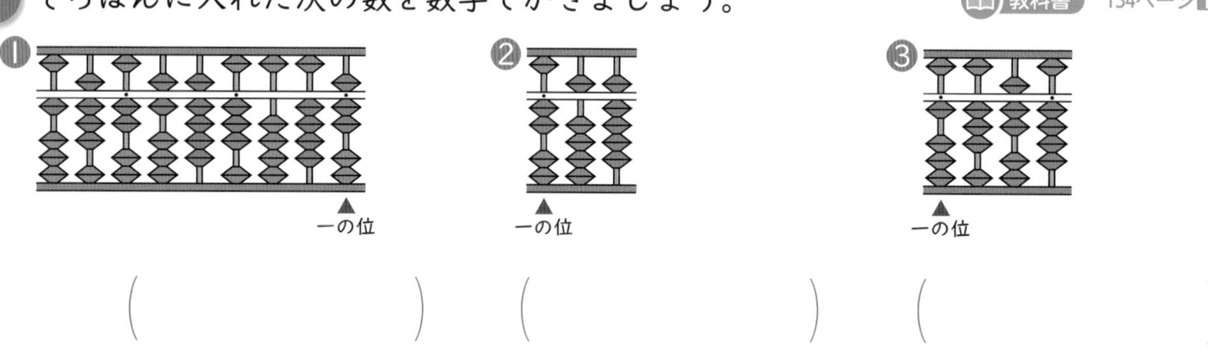

❶ (　　)　❷ (　　)　❸ (　　)

2 そろばんに次の数をおきましょう。　教科書 134ページ1

❶ 1306893088　❷ 409800955654123

❸ 8.56　❹ 0.23

さんすうはかせ　かけ算やわり算もそろばんを使って計算することができるよ。

きほん2 そろばんを使って、たし算やひき算ができますか。

☆次の計算をそろばんでしましょう。 ❶ 278＋164 ❷ 452－218

とき方 ❶ たされる数をそろばんにおきます。次に、大きい位からたしていきます。

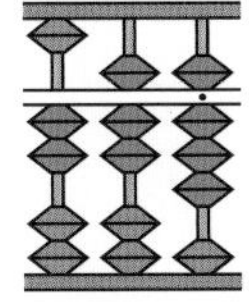

278 をおく。

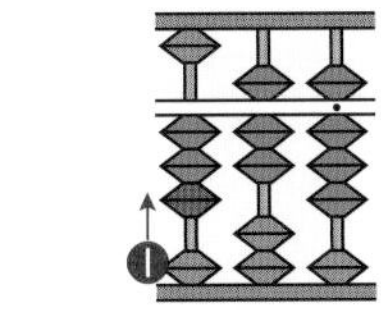

100 を入れる。

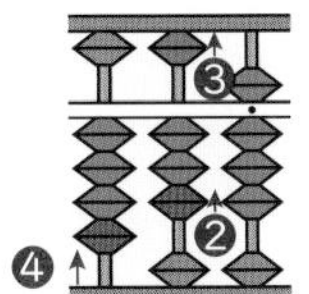

60 を入れる。
60 をたすには、
40 をとって、
100 を入れる。
40 をとるときは、
10 を入れ、50 をとる。

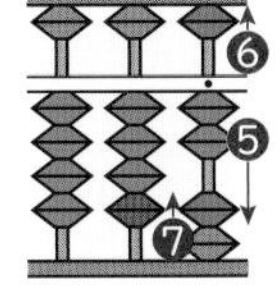

4 を入れる。
4 をたすには、
6 をとって、
10 を入れる。

❷ ひかれる数をそろばんにおきます。次に、大きい位からひいていきます。

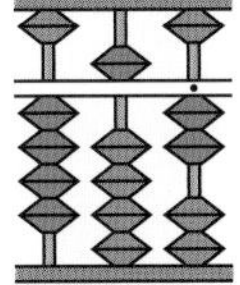

452 をおく。

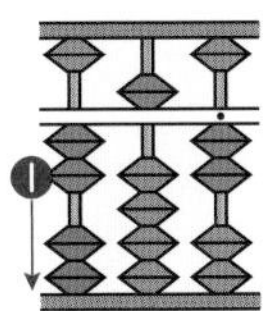

200 をとる。

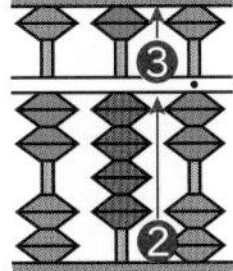

10 をとる。
10 をひくには、
40 を入れて、
50 をとる。

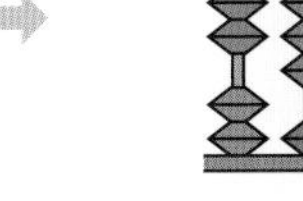

8 をとる。
8 をひくには、
10 をとって、
2 を入れる。

大きな数や小数でも、たし算やひき算は、そろばんを使って整数と同じように計算できるよ。

答え ❶ [ ] ❷ [ ]

3 次の計算をそろばんでしましょう。

教科書 136ページ 1 2

❶ 378＋462 ❷ 60億＋30億 ❸ 0.36＋0.02

❹ 381－243 ❺ 90兆（ちょう）－40兆 ❻ 2.48－1.35

❼ 94＋8 ❽ 26＋75 ❾ 0.87＋0.19

❿ 103－6 ⓫ 402－7 ⓬ 1.02－0.08

ポイント そろばんを使った計算は、数を十の位の数や一の位の数のように、それぞれの位で分けて考えます。

勉強した日　月　日

[1] 直線の交わり方
[2] 直線のならび方
きほんのワーク

学習の目標
垂直や平行の区別がつけられて、実さいにかけるようにしよう。

おわったらシールをはろう

教科書 ㊦ 6〜14ページ　答え 11ページ

きほん1 垂直とはどのようなことか、わかりますか。

☆下の図で直線㋐に垂直(すいちょく)な直線はどれですか。

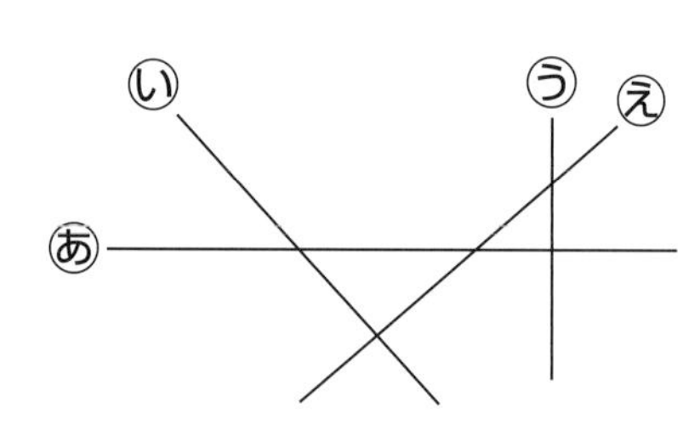

とき方　2本の直線が直角に交わるとき、この2本の直線は、垂直であるといいます。三角定規(じょうぎ)の直角のところをあてて、調べてみます。

答え

たいせつ
2本の直線が交わっていなくても、直線をのばすと直角に交わる2つの直線も、垂直であるといいます。

1 下の図で直線㋐に垂直な直線をすべて選(えら)びましょう。　教科書 7ページ[1]

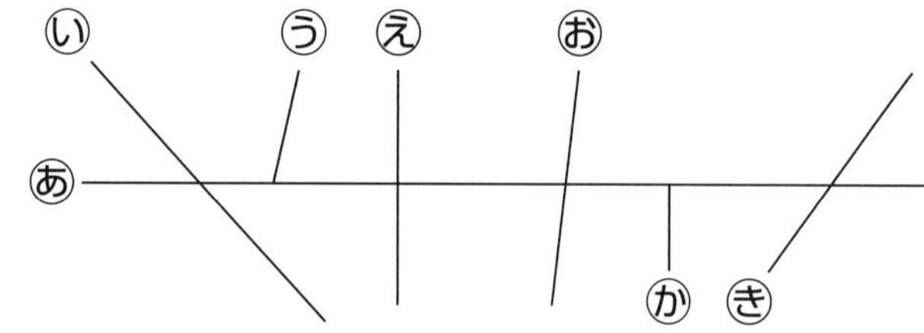

（　　　　）

きほん2 垂直な直線がかけますか。

☆点アを通り、直線㋑に垂直な直線をかきましょう。

ア・

㋑

とき方　[1]　直線㋑に、三角定規をあわせて、もう1つの三角定規の直角のある辺(へん)を直線㋑にあわせる。
[2]　垂直にあてた三角定規を点アまで動かし、直線をかく。

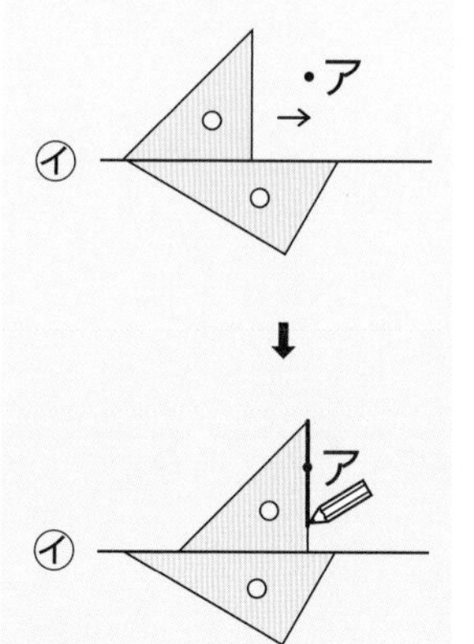

三角定規の直角のところを使って、垂直な直線をかくことができるんだね。

答え　左の図に記入

さんすうはかせ　直線に、はばがあるとすると、2本の直線が交わるときに四角形ができてしまい、こまるよ。直線とは、はばはなく長さだけを考えることにしているんだ。

2 点アを通り、直線㋑に垂直な直線をかきましょう。

教科書 9ページ2

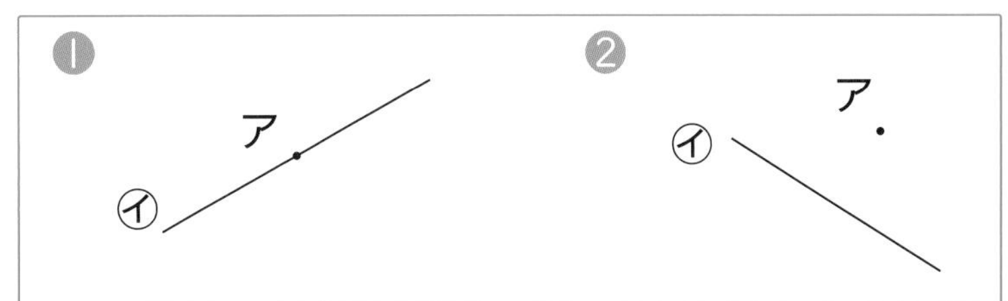

きほん3 平行とはどのようなことか、わかりますか。

☆下の図で平行になっている直線は、どれとどれですか。

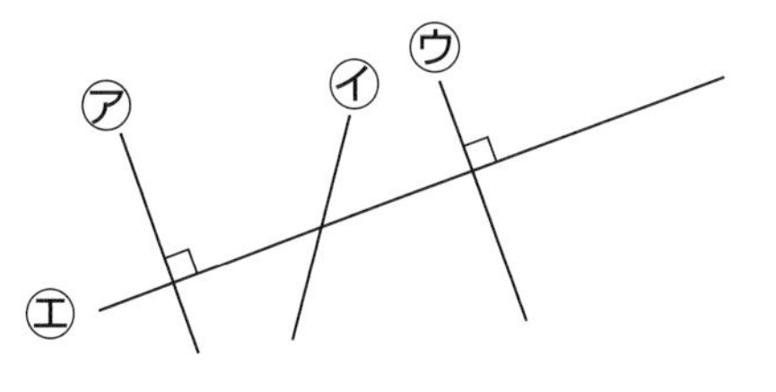

とき方 1本の直線に垂直な2本の直線は、平行（へいこう）であるといいます。直線㋓に直線 [ ] と直線 [ ] は垂直に交わっているので、この2本の直線は [ ] です。

答え [ ] と [ ]

たいせつ
平行な直線の間のはばは、どこも等しくなっていて、どこまでのばしても交わりません。また、平行な直線は、ほかの直線と等しい角度で交わります。

3 **1**の図で平行になっている直線は、どれとどれですか。 教科書 10ページ1

（　　　　　）

きほん4 平行な直線がかけますか。

☆点アを通り、直線㋑に平行な直線をかきましょう。

ア・

㋑ ―――――――――

とき方 1 直線㋑に、三角定規をあわせて、もう1つの三角定規を垂直にあわせる。

2 直線㋑にあてた三角定規を点アまで動かし、直線をかく。

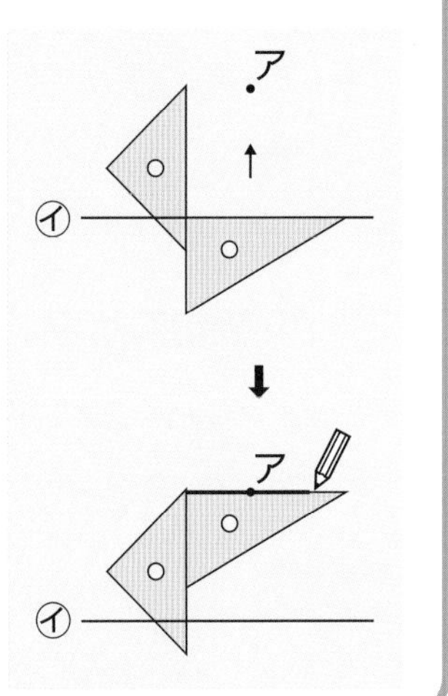

答え 左の図に記入

4 点アを通り、直線㋑に平行な直線をかきましょう。 教科書 13ページ3

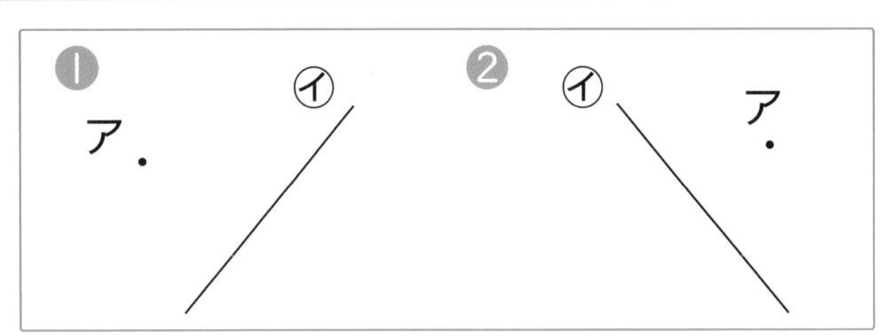

ポイント 垂直や平行な直線のかき方はいくつかありますが、三角定規を使ったかき方を覚（おぼ）えましょう。

勉強した日 月 日

学習の目標
いろいろな四角形の名前やとくちょう・かき方を覚えよう。

おわったらシールをはろう

3 いろいろな四角形
4 対角線
きほんのワーク

教科書 下 15～22ページ　答え 11ページ

きほん1 台形や平行四辺形とは、どのような四角形かわかりますか。

☆下の四角形の中から、台形と平行四辺形を選びましょう。

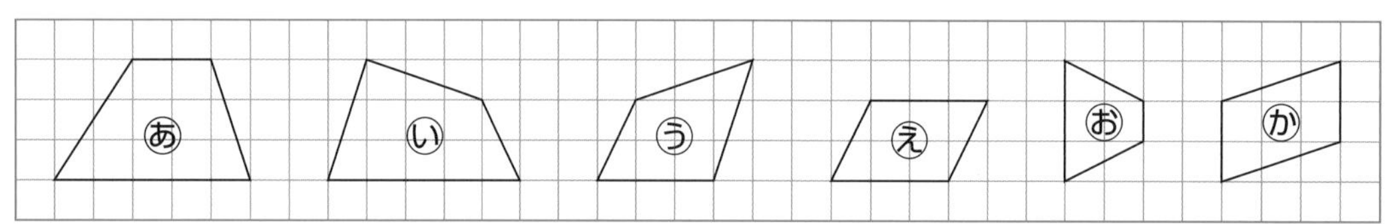

とき方 向かいあった1組の辺が平行な四角形を、台形といいます。また、向かいあった2組の辺が平行な四角形を、平行四辺形といいます。三角定規を2つ組みあわせて、平行な辺を調べることもできます。

たいせつ
平行な辺が1組あるときは「台形」で、2組あるときは「平行四辺形」になります。また、平行四辺形は、向かいあった辺の長さが等しく、向かいあった角の大きさも等しくなっています。

答え 台形…□と□　平行四辺形…□と□

1 右の平行四辺形で、辺アエの長さは何cmですか。また、角アの大きさは何度ですか。 教科書 17ページ2

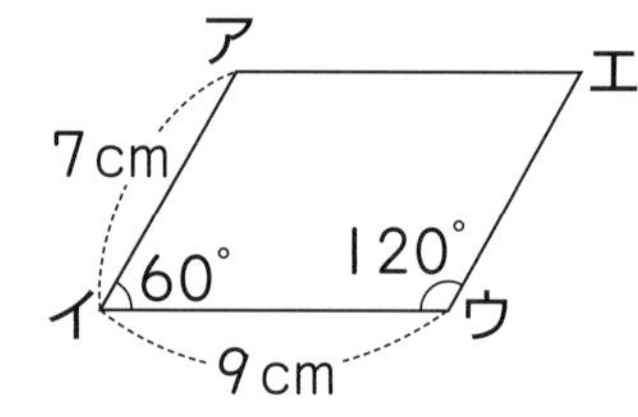

辺アエ（　　　）　角ア（　　　）

きほん2 ひし形とは、どのような四角形かわかりますか。

☆右の図形はひし形です。

❶ 辺アエに平行な辺はどれですか。

❷ 角アと大きさの等しい角はどれですか。

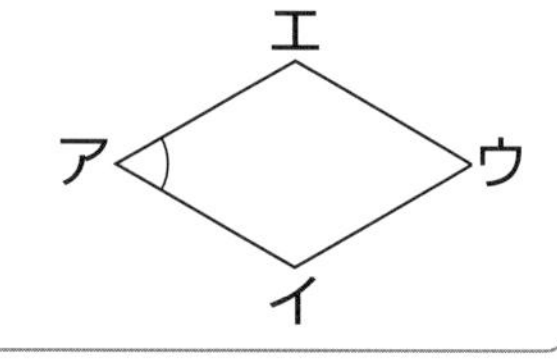

とき方 4つの辺の長さがみんな等しい四角形を、ひし形といいます。ひし形では、向かいあった□は平行で、向かいあった□の大きさは等しくなっています。

ひし形のとくちょう
・辺の長さがみんな等しい。
・向かいあった辺は平行。
・向かいあった角の大きさは等しい。

答え ❶ 辺□　❷ 角□

ひし形の名前はヒシの実の形からきているんだよ。ヒシの実を図かんで見てみよう。

2 コンパスを使って、点ア、点イを中心とする半径(はんけい)が3cmの円を2つかいて、ア、イを頂点(ちょうてん)とするひし形をかきましょう。

教科書 20ページ5

ひし形は、4つの辺の長さがみんな等しいから、コンパスを使ってかけるんだね。

きほん3 対角線とは、どのような直線のことかわかりますか。

☆次の図のように交わった2本の直線が対角線(たいかくせん)になる四角形は、何という名前の四角形ですか。

❶　❷　❸

とき方 四角形で、向かいあった頂点を結(むす)ぶ直線を 対角線 といい、四角形によって、「長さが等しい」や「直角に交わっている」などのとくちょうがあります。

辺の長さや角の大きさが等しいことを ―‖― や ∠ の印(しるし)で表すんだ。

答え ❶ [　　] ❷ [　　] ❸ [　　]

3 次の文で、正しいものには○を、まちがっているものには×をつけましょう。

教科書 21ページ1

❶ (　　) ひし形は、2本の対角線が交わってできる角が直角です。

❷ (　　) 長方形も正方形も、2本の対角線が交わってできる4つの角の大きさが等しいです。

❸ (　　) 長方形は、2本の対角線が等しい四角形です。

❹ (　　) 平行四辺形では、2本の対角線がそれぞれ交わった点で2等分されています。

ポイント いろいろな四角形の辺・角・対角線について、表などにまとめておくと、とくちょうがはっきりして覚(おぼ)えやすくなります。

勉強した日 月 日

練習のワーク

教科書 ㊦ 6～26ページ　答え 11ページ

できた数 /11問中

おわったら シールを はろう

1 垂直や平行な直線のかき方 点アを通り、直線㋑に垂直(すいちょく)な直線と平行な直線をかきましょう。

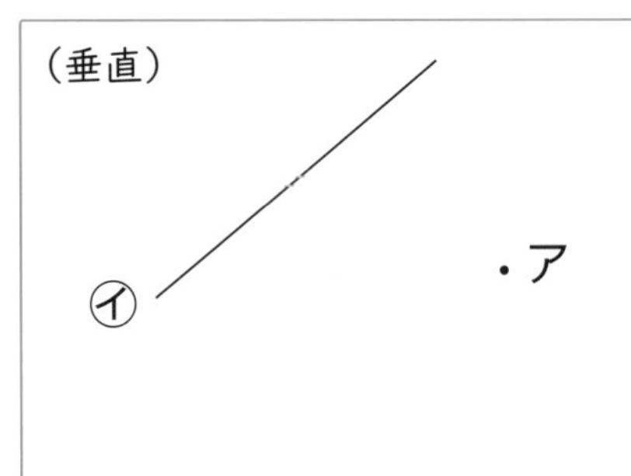

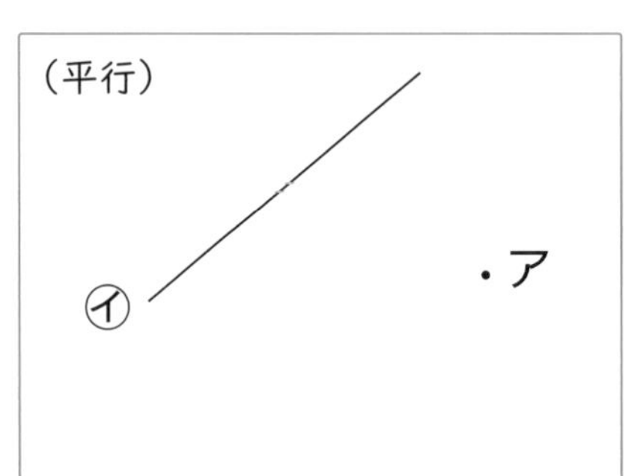

2 平行な直線と角度 右の図で、直線㋐、㋑は平行です。㋕、㋖、㋗、㋘の角度は、それぞれ何度ですか。

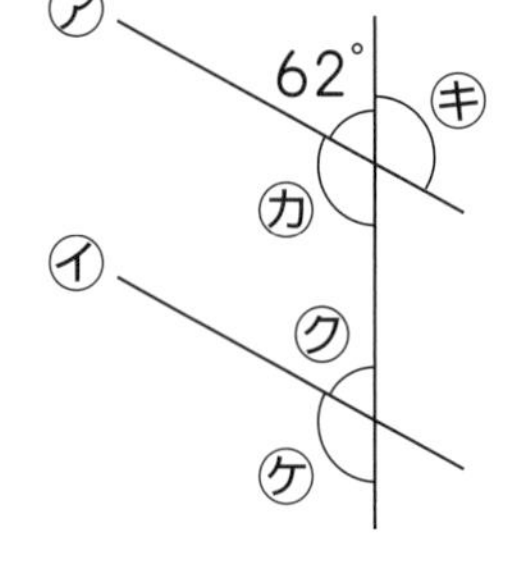

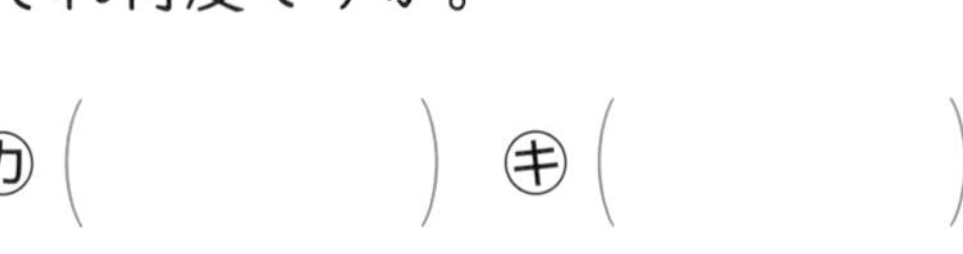

㋕（　　　）　㋖（　　　）

㋗（　　　）　㋘（　　　）

3 作図 辺(へん)の長さが5cmと3cmで、1つの角が70°の平行四辺形をかきましょう。

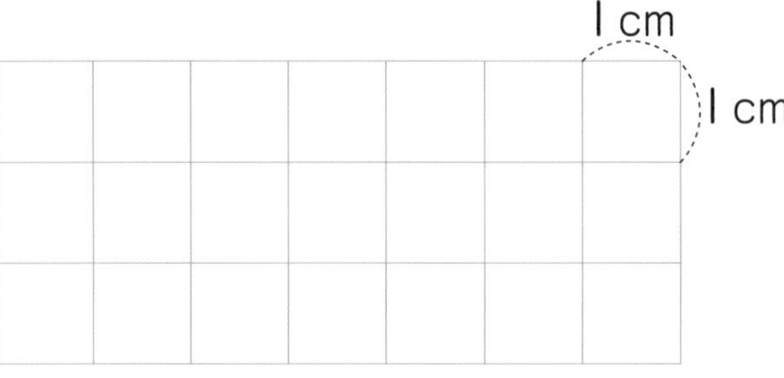

4 いろいろな四角形 □にあてはまることばや数をかきましょう。

❶ 台形は、向かいあった1組の辺が□な四角形です。

❷ 平行四辺形は、向かいあった2組の辺が□な四角形です。

❸ ひし形は、4つの辺の長さがみんな□四角形です。

❹ 四角形の対角線は□本あります。

てびき

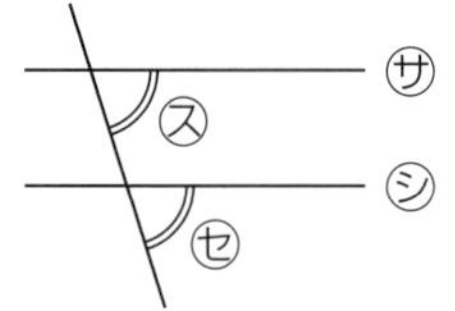

2 平行な直線と角度
平行な直線は、ほかの直線と等しい角度で交わります(下の図で、直線㋚と㋛が平行なとき、㋜と㋝の角度が等しい)。

3 作図
角度は分度器(ぶんどき)を使って、はかります。
3cmの長さはコンパスを利用してかきましょう。

4 いろいろな四角形

台形
・向かいあった1組の辺が平行。

平行四辺形
・向かいあった2組の辺が平行で、長さが等しい。
・向かいあった角の大きさが等しい。

ひし形
・4つの辺の長さがみんな等しい。
・向かいあった辺が平行。
・向かいあった角の大きさが等しい。

できるナビ 平行や垂直な直線のかき方やせいしつ、いろいろな四角形のせいしつを理かいしましょう。

まとめのテスト

1 よく出る 下の図で、直線㋐と直線㋑は平行です。直線㋒から㋗のうち、平行になっている直線はどれとどれですか。すべて答えましょう。　1つ10〔20点〕

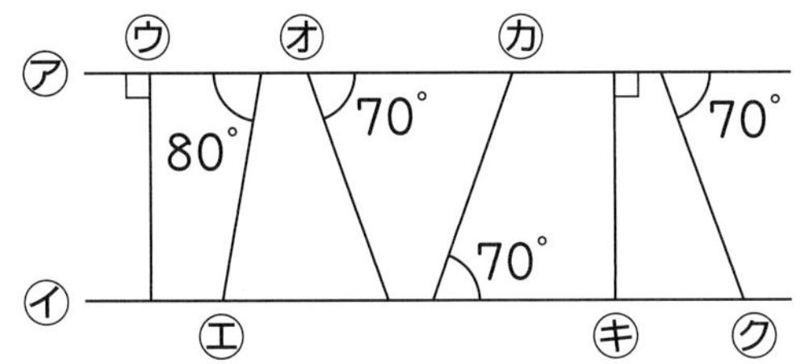

2 よく出る 右の図で、直線㋚と直線㋛、直線㋜と直線㋝は、それぞれ平行です。　1つ10〔20点〕

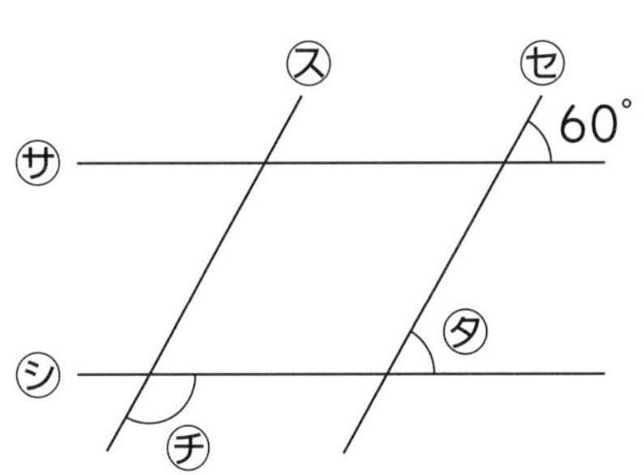

❶ ㋟の角度は何度ですか。　（　　　）

❷ ㋠の角度は何度ですか。　（　　　）

3 下の図のような四角形をかきましょう。　1つ10〔20点〕

❶ 平行四辺形

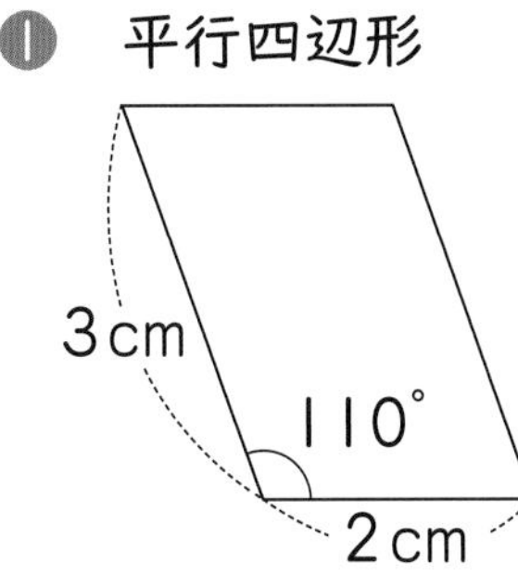

❷ ひし形

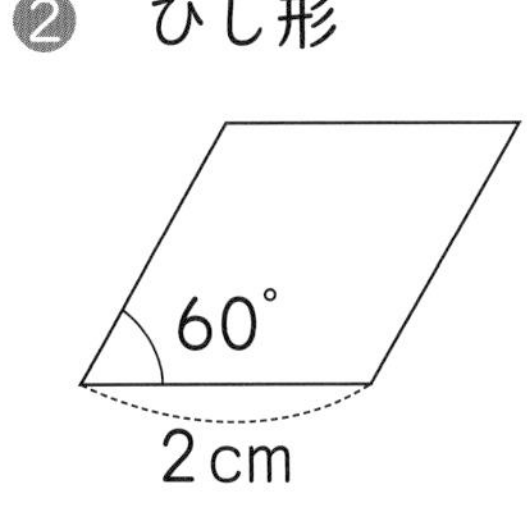

4 よく出る 次の四角形を□の中からすべて選(えら)んで、記号で答えましょう。　1つ10〔40点〕

❶ 向かいあった2組の辺が平行な四角形　（　　　）

❷ 4つの辺の長さがみんな等しい四角形　（　　　）

❸ 2本の対角線が垂直に交わる四角形　（　　　）

❹ 2本の対角線の長さが等しい四角形　（　　　）

㋐ 正方形	㋑ 長方形	㋒ 台形	㋓ 平行四辺形	㋔ ひし形

チェック
□ 垂直や平行の意味がわかり、垂直や平行な直線がかけたかな？
□ いろいろな四角形のせいしつやとくちょう、対角線についてわかったかな？

勉強した日 月 日

1 ( )を使った式
2 +、−、×、÷のまじった式

きほんのワーク

学習の目標
+、−、×、÷や( )のまじった式の計算をできるようにしよう。

おわったらシールをはろう

教科書 ㊦ 28〜33ページ 答え 12ページ

きほん1 ( )を使って、1つの式に表すことができますか。

☆500円を持って買い物に行き、150円のグレープフルーツと120円のオレンジを買いました。残ったお金は何円ですか。( )を使って1つの式に表して、計算しましょう。

とき方 代金は、150円と120円をあわせた金がくだから、( )を使って(＋)円と表します。これを、次のことばの式にあてはめると、

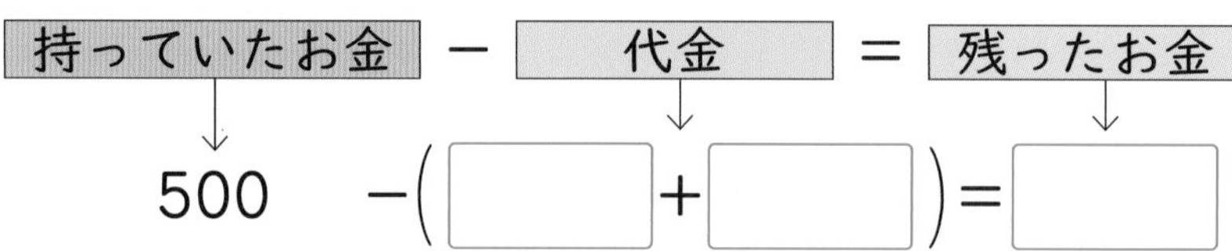

たいせつ
ひとまとまりにするものは、( )を使って表します。( )のある式では、( )の中をひとまとまりとみて、先に計算します。

答え 円

1 180円のチョコレートを30円安くして売っていたので1つ買いました。500円玉を出すと、おつりは何円ですか。( )を使って1つの式に表して、答えを求めましょう。

教科書 29ページ1

式

答え( )

きほん2 ( )を使って、1つの式に表すことができますか。

☆1本50円のえんぴつと、1さつ150円のノートを組にして買います。800円では何組買えますか。1つの式に表して計算しましょう。

とき方 1組のねだん(50＋150)円をひとまとまりと考えて、次のことばの式にあてはめます。

持っているお金 ÷ 1組のねだん ＝ 買える組の数

800÷( )＝

1組のねだんをひとまとまりにして( )を使えば、1つの式にできるよ。

答え 組

さんすうはかせ
計算の順序で、＋と−だけの式や、×と÷だけの式は、＋と−はどちらが先ということはないし、×と÷も同じことだから、左から順に計算していこう。

2 ジュースがすべて１本130円で売っていました。オレンジジュースを２本と、りんごジュースを４本買いました。ジュース全部の代金は何円ですか。（　）を使って１つの式に表して、答えを求めましょう。　教科書 31ページ2

式

答え（　　　　　）

3 次の計算をしましょう。　教科書 31ページ3

❶ 5×(18+42)　　❷ (93−23)×40

❸ (36+45)÷9　　❹ 80÷(62−57)

きほん３ かけ算やわり算のまじった式の計算の順序がわかりますか。

☆8×4＋14÷2の計算をしましょう。

とき方 式の中のかけ算やわり算は、たし算やひき算より先に計算します。

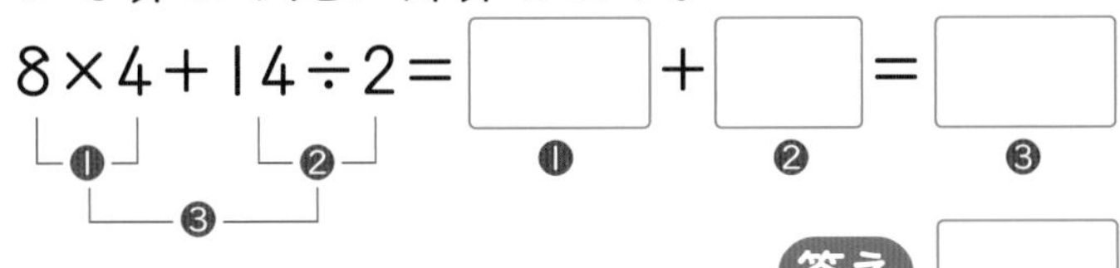

答え

計算の順序

- 式は、ふつう左から順に計算する。
- （　）のある式は、（　）の中を先に計算する。
- ＋、−、×、÷がまじった式は、×、÷を先に計算する。

4 次の計算をしましょう。　教科書 32ページ1

❶ 20+4×2　　❷ 75−12×6

❸ 59+240÷6　　❹ 13−90÷15

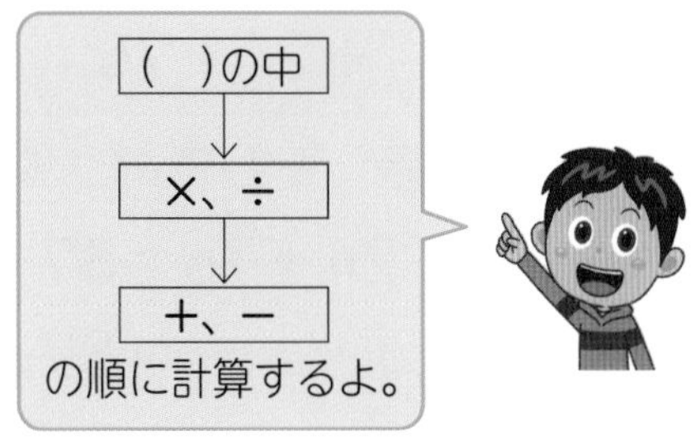

5 次の計算をしましょう。　教科書 33ページ2

❶ 9×8−6÷2　　❷ 9×(8−6÷2)

❸ (9×8−6)÷2　　❹ 9×(8−6)÷2

ポイント ２つの式を１つに表すことができるようにします。また、＋、−、×、÷や（　）のまじった式の計算が正しくできるようにします。

勉強した日 月 日

3 計算のきまり
4 式の表し方とよみ方
きほんのワーク

学習の目標・ 計算のきまりを使って、くふうして計算できるようになろう。

おわったらシールをはろう

教科書 下 34～36ページ 答え 12ページ

きほん1 ( )を使った式の計算のきまりがわかりますか。

☆(34－12)×8 □ 34×8－12×8 の□にあてはまる等号か不等号(ふとうごう)をかきましょう。

とき方 (34－12)×8 は、( )の中から先に、34×8－12×8 は、×から先に計算します。

(34－12)×8＝□×8＝□

34×8－12×8＝□－□＝□

( )を使った計算のきまり
(■＋●)×▲＝■×▲＋●×▲
(■－●)×▲＝■×▲－●×▲

答え 上の問題中に記入

1 1まい 50 円の無地(むじ)のカードと 1まい 70 円の絵入りのカードを 6 まいずつ買いました。カードの代金は何円ですか。1つの式に表して、計算しましょう。

教科書 34ページ1

式

答え ( )

きほん2 計算のしかたをくふうできますか。

☆計算のきまりを使って、くふうして計算しましょう。
❶ 87＋24＋76　❷ 36×25

とき方 ❶ たし算のきまりを使って、100 のまとまりを先に計算します。

87＋24＋76＝87＋(24＋76)
＝87＋□
＝□

❷ 36＝9×4 であることから、かけ算のきまりを使います。

36×25＝(9×4)×25
＝9×(4×25)
＝9×□＝□

計算のきまり
たし算 ■＋●＝●＋■
(■＋●)＋▲＝■＋(●＋▲)
かけ算 ■×●＝●×■
(■×●)×▲＝■×(●×▲)

答え ❶ □ ❷ □

■＋●＝●＋■、■×●＝●×■を「交かん法則(ほうそく)」、(■＋●)＋▲＝■＋(●＋▲)、(■×●)×▲＝■×(●×▲)を「結合法則(けつごうほうそく)」というよ。

2 計算のきまりを使って、くふうして計算しましょう。

教科書 35ページ2

❶ 39＋26＋61　　❷ 53＋78＋47

❸ 2.7＋8.9＋7.3　　❹ 2×49×50

❺ 24×25　　❻ 32×25

きほん3 計算のきまりを使って、くふうして計算できますか。

☆計算のきまりを使って、くふうして計算しましょう。

❶ 96×7　❷ 52×8

とき方 (　)を使った計算のきまりを使って計算します。

❶ 96＝100－□と考えて計算します。

96×7＝(100－□)×7

＝100×7－□×7

＝□－□

＝□

❷ 52＝50＋□と考えて計算します。

52×8＝(50＋□)×8

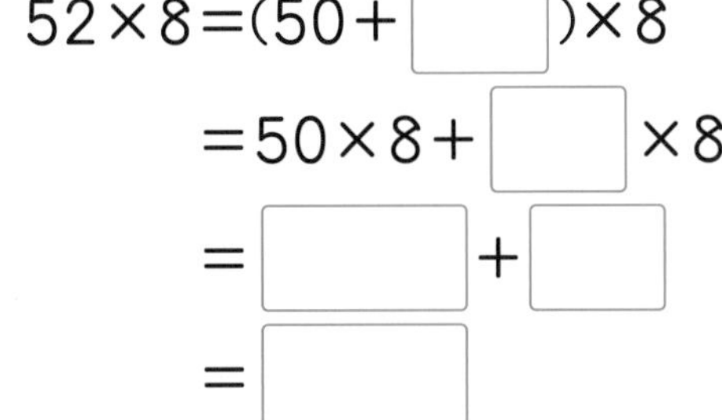

＝50×8＋□×8

＝□＋□

＝□

答え ❶ □　❷ □

3 計算のきまりを使って、くふうして計算しましょう。

教科書 35ページ2

❶ 99×6　　❷ 98×8

❸ 53×7　　❹ 103×6

ポイント 計算のきまりをうまく使うと、計算が楽になってまちがいをへらすことができます。くふうして計算できるようにしていきましょう。

勉強した日 月 日

教科書 ㊦ 28〜38ページ　答え 13ページ

できた数 /11問中

1 計算の順序　次の計算をしましょう。

❶ 100−(30+45)　❷ 36−(24−8)

❸ (4+16)×5　❹ 60−32÷8

❺ 52÷4+18×3　❻ 71−48÷6×5

2 1つの式に表す　1つの式に表して、答えを求めましょう。

❶ 200円持っています。1まい40円の工作用紙を3まい買いました。残ったお金は何円ですか。

式

答え（　　　　）

❷ 1こ350円のケーキが、1こにつき30円安くなっています。このケーキを5こ買うと、代金は何円になりますか。

式

答え（　　　　）

3 計算のくふう　計算のきまりを使って、くふうして計算しましょう。

❶ 57+37+63

❷ 4×43×25

❸ 97×14

てびき

1 計算の順序

たいせつ
- ふつう、**左から**順に計算します。
- ( )のある式は、**( )の中を先に**計算します。
- ×や÷は、+や−より先に計算します。

2 ❶かけ算を使って、代金をひとまとまりにして1つの式に表します。
❷( )を使って1このねだんを表し、全部の代金を求める式に表します。

3 計算のくふう
計算のきまりを使って計算します。

計算のきまりをきちんと覚えておこうね。

できるナビ　計算のきまりを使って、くふうして計算できるようにしましょう。

まとめのテスト

教科書 ㊦28〜38ページ　答え 13ページ

時間 20分　とく点 /100点　おわったらシールをはろう

1 よく出る 次の計算をしましょう。　1つ6〔24点〕

❶ (14＋24÷4)×3　❷ 58－(2×6＋6)

❸ 29×6－84÷7　❹ 25＋(30－25)×6

2 くふうして計算しましょう。　1つ6〔24点〕

❶ 15＋38＋85　❷ 50×64×2

❸ 47×4×25　❹ 98×72

3 答えの数になるように、□の中に＋、－、×、÷の記号を入れましょう。　1つ6〔12点〕

❶ 6×5 □ 2×3＝24　❷ 4－4 □ 4 □ 4＝1

4 230円のコンパスと、1本70円のえんぴつを4本買いました。代金は何円ですか。1つの式に表して、答えを求めましょう。　1つ6〔12点〕

式

答え（　　　）

5 お父さんのたん生日に、1こ550円のケーキと1こ170円のチョコレートをそれぞれ1こずつ買うことにしました。子ども3人で代金を等分すると、1人分は何円になりますか。1つの式に表して、答えを求めましょう。　1つ7〔14点〕

式

答え（　　　）

6 1ダース600円のえんぴつ半ダースと、1さつ110円のノートを5さつ買ったときの代金は何円ですか。1つの式に表して、答えを求めましょう。　1つ7〔14点〕

式

答え（　　　）

ふろくの「計算練習ノート」14〜15ページをやろう！

□ 1つの式に表して計算することができたかな？
□ 計算の順序(じゅんじょ)や計算のきまりがわかり、くふうして計算することができたかな？

勉強した日 月 日

① 広さの表し方
② 長方形と正方形の面積
きほんのワーク

学習の目標
面積を数で表す方法を覚え、計算で求められるようにしよう。

おわったらシールをはろう

教科書 ㊦ 40〜46ページ 答え 13ページ

きほん1 広さ(面積)の表し方がわかりますか。

☆右の色がついた部分は㋐と㋑のどちらが広いですか。ただし、方眼紙(ほうがんし)の1めもりは1cmとします。

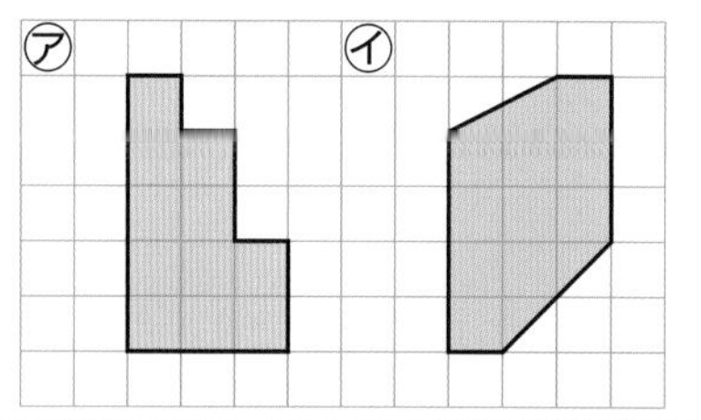

とき方 広さのことを 面積(めんせき) といいます。

1辺(ぺん)が1cmの正方形の面積を 1cm^2 (1平方センチメートル)といい、面積は、この正方形のいくつ分かで表せます。cm^2 は面積の単位(たんい)です。

㋐は、1cm^2 の正方形が □ こならんでいるので、□ cm^2 です。

㋑は、1cm^2 の正方形が □ こならび、ななめに切られている部分のうち、左上は 1cm^2 の正方形の □ こ分、右下は 1cm^2 の正方形の □ こ分になるので、これらをあわせると □ cm^2 になります。

答え □

1 右の図の㋐、㋑について、答えましょう。

教科書 42ページ2

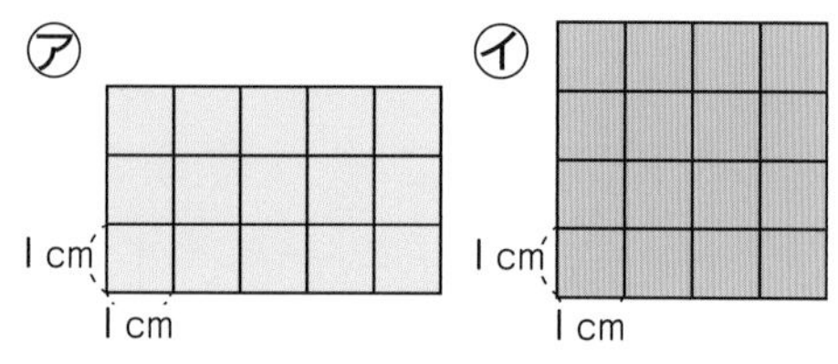

❶ ㋐の長方形は、1辺が1cmの正方形が何こありますか。

(　　　)

❷ ㋐の長方形の面積は、何 cm^2 ですか。

(　　　)

❸ ㋑の正方形の面積は、何 cm^2 ですか。

(　　　)

❹ ㋐と㋑では、どちらが何 cm^2 広いですか。

(　　　)

さんすうはかせ 面積の公式のように、公式とは、どんなときにでもあてはめて使うことができる式のことをいうよ。

きほん2 長方形や正方形の面積を計算で求めることができますか。

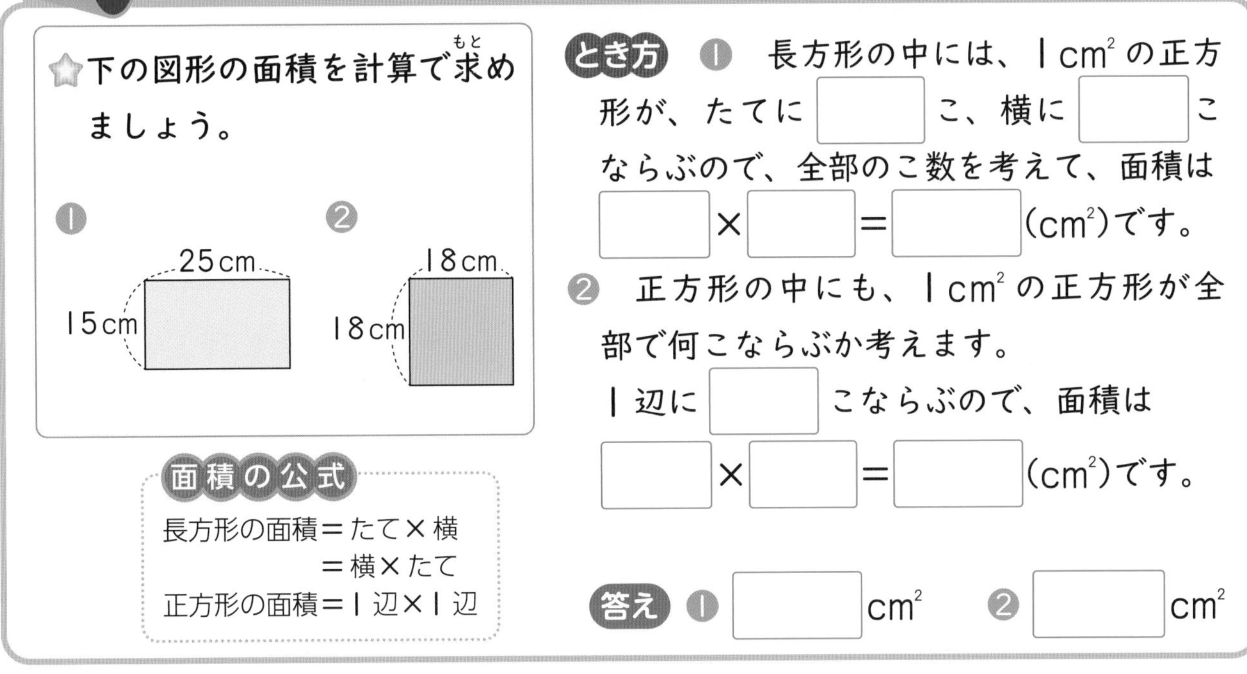

☆下の図形の面積を計算で求めましょう。

❶

❷

面積の公式

長方形の面積＝たて×横
　　　　　　＝横×たて
正方形の面積＝1辺×1辺

とき方 ❶ 長方形の中には、1 cm^2 の正方形が、たてに［　］こ、横に［　］こならぶので、全部のこ数を考えて、面積は［　］×［　］＝［　］(cm^2)です。

❷ 正方形の中にも、1 cm^2 の正方形が全部で何こならぶか考えます。
1辺に［　］こならぶので、面積は
［　］×［　］＝［　］(cm^2)です。

答え ❶［　］cm^2　❷［　］cm^2

2 次の長方形や正方形の面積を求めましょう。　教科書 44ページ1

❶ たて 12cm、横 24cm の長方形

式

答え（　　　　）

❷ 1辺が 30cm の正方形

式

答え（　　　　）

3 次の長さを求めましょう。　

❶ 面積が 54 cm^2 で、横の長さが 6cm の長方形のたての長さ

式

答え（　　　　）

長方形の面積を求める公式を使って考えるよ。
求める長さを□cmとして公式にあてはめればいいね。

❷ 1辺が 6cm の正方形と同じ面積で、たての長さが 4cm の長方形の横の長さ

式

答え（　　　　）

面積の単位の1つに cm^2 があります。1 cm^2 の正方形が何こならぶかで面積を表すことができます。

勉強した日 月 日

3 面積の求め方のくふう
4 大きな面積の単位
きほんのワーク

学習の目標
いろいろな形の面積を計算で求められるようにしよう。

おわったらシールをはろう

教科書 下 47～55ページ　答え 13ページ

きほん1 いろいろな形の面積の求め方がわかりますか。

☆下の図のような形の面積を求めましょう。

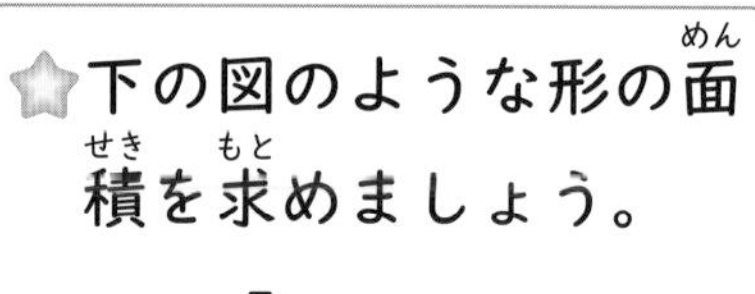
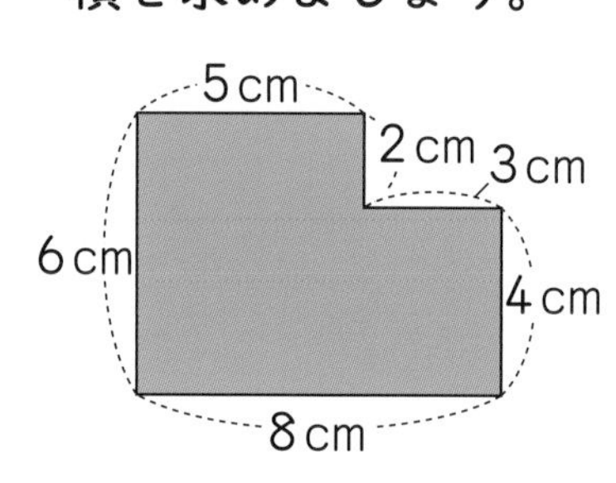

とき方 2つの長方形に分けたり、欠けているところをおぎなったりして、面積を求めます。

《1》
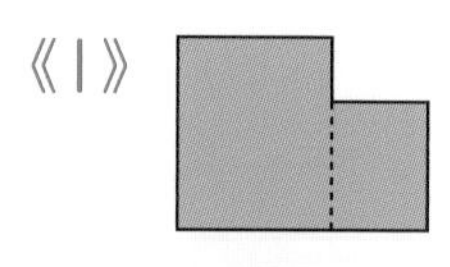
□×5+4×□

《2》
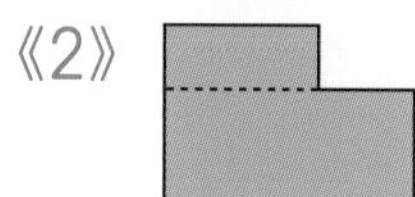
2×□+4×□

《3》
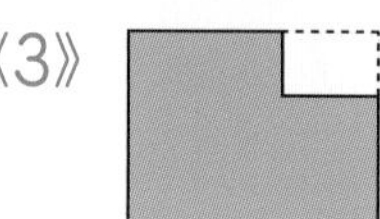

6×□−2×□

答え □ cm²

1 下の図のような形の面積を求めましょう。 教科書 47ページ1

❶

式

答え（　　　）

❷

式

答え（　　　）

きほん2 大きな面積を表す単位がわかりますか。

☆たて5m、横4mの長方形の形をした部屋の面積を求めましょう。

とき方 部屋のような広いところの面積は、1辺が1mの正方形の面積を単位にします。
この部屋の面積は□×□=□(m²)です。

答え □ m²

たいせつ
1辺が1mの正方形の面積が1m²(1平方メートル)です。
1m²=1m×1m
=100cm×100cm
=10000cm²

さんすうはかせ 1m²、1a、1ha、1km²については、それを表す正方形の1辺の長さは順に10倍の大きさになっていて、その面積は、順に100倍になっているよ。

2 たて 10m、横 8m の長方形の形をした花だんの面積を求めましょう。

教科書 50ページ1

式

答え（　　　）

3 たて 80cm、横 5m の長方形の布があります。この布の面積は何cm^2ですか。また、何m^2ですか。

教科書 51ページ23

式

答え（　　　、　　　）

きほん3 田畑や町のような広いところの面積の表し方がわかりますか。

☆たて 150m、横 400m の長方形の形をしたりんご園の面積は何m^2ですか。また、それは何a、何haですか。

とき方 田畑や町のような広いところの面積は、1辺が 10m、100m、1km の正方形の面積を単位にします。

1辺が 10m の正方形の面積を 1 [a]（1 アール）、

1辺が 100m の正方形の面積を 1 [ha]（1 ヘクタール）といいます。

また、1辺が 1km の正方形の面積を 1 [km^2]（1 平方キロメートル）といいます。

このりんご園の面積は、[　　]×[　　]=[　　]（m^2）です。

答え [　　]m^2、[　　]a、[　　]ha

たいせつ

$1a=10m\times10m=100m^2$

$1ha=100m\times100m$

$=10000m^2=100a$

$1km^2=1km\times1km$

$=1000m\times1000m$

$=1000000m^2$

4 南北 2km、東西 3km の長方形の形をした森林の面積は何km^2ですか。

教科書 53ページ5

式

答え（　　　）

5 1辺が 800m の正方形の形をした公園の面積は何aですか。また、何haですか。

教科書 54ページ78

式

答え（　　　、　　　）

ポイント 大きな面積の単位（m^2、a、ha、km^2）をきちんと覚え（おぼ）ましょう。また、いろいろな形の面積を求めるときは、正方形や長方形に分けるなどのくふうをしましょう。

勉強した日 月 日

練習のワーク

教科書 ㊦ 40〜58ページ　答え 14ページ

できた数 /6問中

1 長方形や正方形の面積 次の面積を求めましょう。

❶ 1辺が16mの正方形

式

答え（　　　）

❷ たて3km、横8kmの長方形の形をした土地

式

答え（　　　）

❸ たて60cm、横3mの長方形の形をした紙

式

答え（　　　）

2 長方形の面積 面積が$56cm^2$で、横の長さが8cmの長方形の形をしたカードのたての長さは何cmですか。

式

答え（　　　）

3 面積の単位 1辺が200mの正方形の形をした野球場の面積は何aですか。また何haですか。

式

答え（　　　、　　　）

4 いろいろな形の面積 右の図の色のついたところの面積を求めましょう。

式

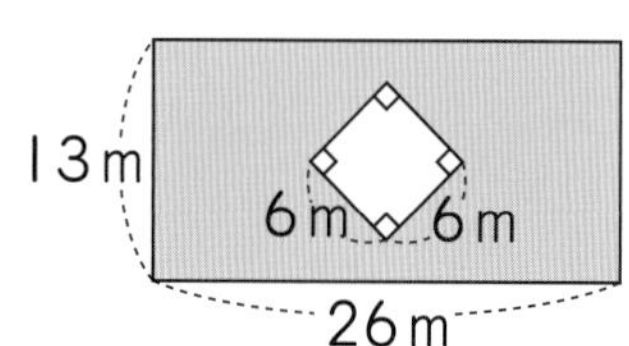

答え（　　　）

てびき

1 長方形や正方形の面積
辺の長さの単位に注意して面積の単位を考えます。
❸辺の長さの単位をそろえて計算して面積を求めます。

長方形の面積
＝たて×横
＝横×たて
正方形の面積
＝1辺×1辺

2 たての長さを□cmとすると、面積は □×8＝56 と表すことができます。□は、次の式で求められます。
□＝56÷8

3 面積の単位
$1m^2=1m\times1m$
$1a=10m\times10m=100m^2$
$1ha=100m\times100m$
$=10000m^2=100a$
$1km^2=1km\times1km$
$=1000m\times1000m$
$=1000000m^2$
$=10000a=100ha$

4 全体の長方形の面積から白い部分の正方形の面積をひいて、色のついたところの面積を求めます。

できるナビ　単位をきちんと使い分けられるようにしよう。また、いろいろな形の面積を求めるときは、長方形や正方形に分けるなどのくふうをしましょう。

1 よく出る 次の面積を〔　〕の中の単位で求めましょう。　1つ6〔48点〕

❶ たて 80cm、横 1m の長方形の形をしたつくえ〔cm^2〕

式

答え（　　　）

❷ まわりの長さが 20m の正方形の形をした池〔m^2〕

式

答え（　　　）

❸ たて 25m、横 12m の長方形の形をしたプール〔a〕

式

答え（　　　）

❹ 1辺が 700m の正方形の形をした土地〔ha〕

式

答え（　　　）

2 下の図のような形の面積を求めましょう。　1つ6〔36点〕

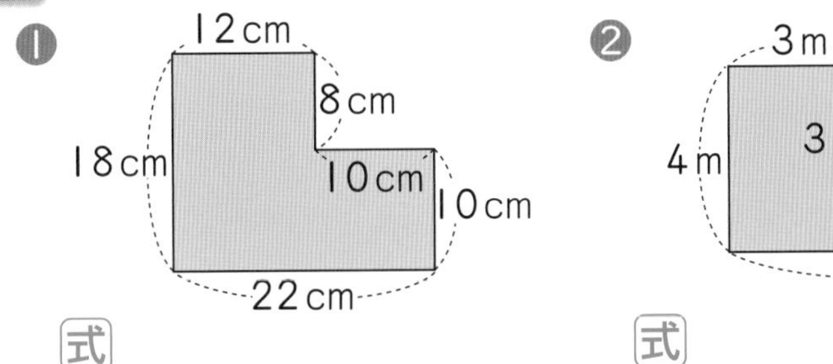

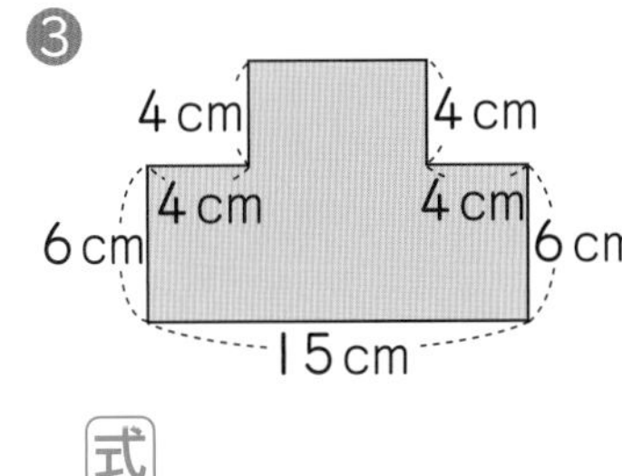

式　　式　　式

答え（　　　）　答え（　　　）　答え（　　　）

はってん **3** 右の直角三角形の面積を求めましょう。1つ8〔16点〕

式

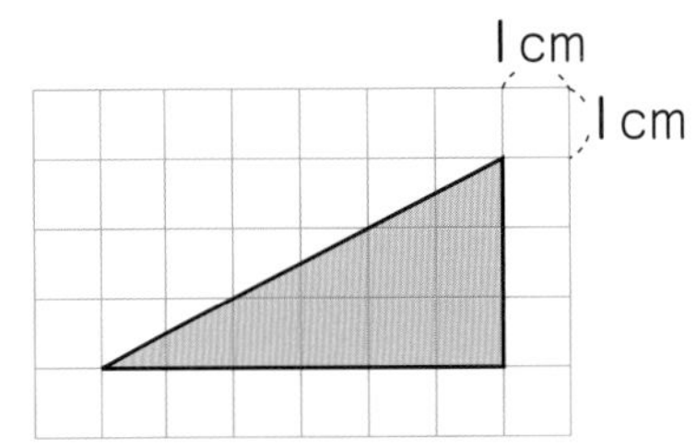

答え（　　　）

ふろくの「計算練習ノート」20ページをやろう！

□長方形や正方形の面積を求める公式を使って、いろいろな形の面積を求められたかな？
□いろいろな面積の単位がわかり、正しく面積を求めることができたかな？

1 いろいろな分数

きほんのワーク

学習の目標
分数の表し方になれ、分数の大小をくらべられるようになろう。

おわったらシールをはろう

教科書 下 60〜65ページ　答え 15ページ

きほん1 分数の表し方がわかりますか。

☆右の数直線で、あからえにあてはまる分数をかきましょう。

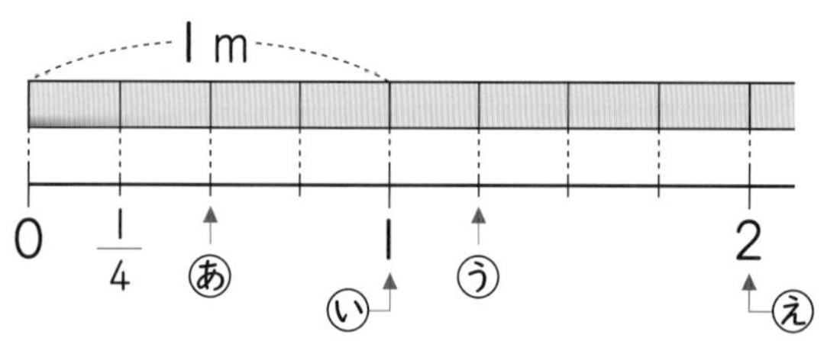

とき方 $\frac{1}{4}$mのいくつ分かを考えます。

い 分数で表すと分子と分母が同じ数になります。

う $\frac{1}{4}$mの5つ分で □mです。これは1mとあと$\frac{1}{4}$mと考えられるので、□mとも表せます。

→「一と四分の一」とよむ。

え $\frac{1}{4}$mの8つ分で □mです。これは、ちょうど2mです。

$\frac{1}{4}$mのいくつ分になるかで考えればいいね。

答え あ □m　い □m　う □m　え □m

たいせつ

$\frac{1}{4}$や$\frac{3}{4}$のように、1より小さい分数(分子<分母)を、**真分数**(しんぶんすう)といいます。

$\frac{4}{4}$や$\frac{5}{4}$のように、1と等しい(分子＝分母)か、1より大きい分数(分子>分母)を、**仮分数**(かぶんすう)といいます。

$1\frac{1}{4}$や$2\frac{3}{4}$のように、整数と真分数をあわせた分数を、**帯分数**(たいぶんすう)といいます。

1 □にあてはまる数をかきましょう。

教科書 61ページ1 62ページ2

❶ $\frac{7}{5}$は □ の7つ分です。

❷ □ は$\frac{1}{4}$の3つ分です。

❸ $\frac{1}{3}$mの □ つ分は$\frac{5}{3}$mです。

❹ $\frac{8}{6}$は、1と □ をあわせた数で、□ とも表せます。

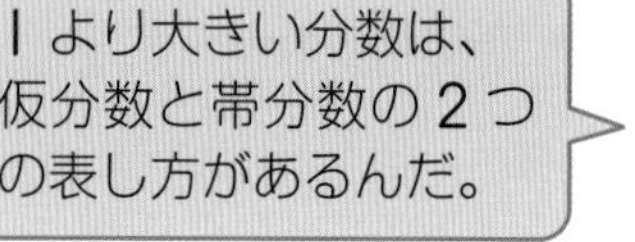

$\frac{3}{3}$や$\frac{4}{4}$のように分子と分母が同じ数のときは1になりますが、$\frac{0}{0}$は1にならないよ。これは分母が0の分数は考えないからだよ。

2 次の分数を真分数、仮分数、帯分数に分けましょう。 教科書 62ページ2

$\left[\ \frac{4}{5}\quad \frac{7}{6}\quad 1\frac{1}{2}\quad \frac{8}{4}\quad \frac{3}{10}\quad 3\frac{1}{6}\ \right]$

真分数（　　　　）仮分数（　　　　）帯分数（　　　　）

きほん2 仮分数を帯分数に、帯分数を仮分数になおせますか。

☆仮分数を帯分数に、帯分数を仮分数になおしましょう。 ❶ $\frac{5}{2}$ ❷ $2\frac{2}{3}$

とき方 ❶ $\frac{5}{2}$は、5÷2＝2 あまり 1 → $\frac{2}{2}$の□つ分と$\frac{1}{2}$の□つ分。

❷ $2\frac{2}{3}$は、$\frac{3}{3}$と$\frac{3}{3}$と$\frac{2}{3}$ → $\frac{1}{3}$の 3×2＋2 で、$\frac{1}{3}$の□つ分。

たいせつ

<仮分数→帯分数>

5÷2＝2 あまり 1　$\frac{5}{2}=2\frac{1}{2}$

<帯分数→仮分数>

3×2＋2＝8　$2\frac{2}{3}=\frac{8}{3}$

答え ❶ □ ❷ □

3 仮分数は帯分数か整数に、帯分数は仮分数になおしましょう。 教科書 64ページ3

❶ $\frac{8}{6}$（　　）　❷ $\frac{13}{5}$（　　）　❸ $\frac{21}{7}$（　　）

❹ $1\frac{2}{3}$（　　）　❺ $2\frac{4}{9}$（　　）　❻ $3\frac{1}{4}$（　　）

4 □にあてはまる不等号（ふとうごう）をかきましょう。 教科書 65ページ4

❶ $2\frac{5}{8}$ □ $\frac{25}{8}$　❷ $4\frac{1}{6}$ □ $\frac{23}{6}$　❸ $\frac{7}{3}$ □ $2\frac{2}{3}$

5 （　）の中の分数を、小さい順（じゅん）にならべましょう。 教科書 65ページ4

$\left(\frac{5}{7}、1\frac{3}{7}、1、\frac{12}{7}\right)$（　　　　）

ポイント 分数の表し方を覚（おぼ）えよう。仮分数を帯分数になおしたり、帯分数を仮分数になおしたりできることが大切です。

勉強した日 月 日

2 分数の大きさ
3 分数のたし算とひき算
きほんのワーク

学習の目標 いろいろな分数のたし算やひき算ができるようになろう。

おわったらシールをはろう

教科書 下66〜70ページ　答え 15ページ

きほん 1 大きさの等しい分数を見つけることができますか。

☆右の数直線を見て、$\frac{1}{2}$と大きさの等しい分数を4つさがしましょう。

0 — $\frac{1}{2}$ — 1

0 — $\frac{1}{3}$, $\frac{2}{3}$ — 1

0 — $\frac{1}{4}$, $\frac{2}{4}$, $\frac{3}{4}$ — 1

0 — $\frac{1}{5}$, $\frac{2}{5}$, $\frac{3}{5}$, $\frac{4}{5}$ — 1

0 — $\frac{1}{6}$, $\frac{2}{6}$, $\frac{3}{6}$, $\frac{4}{6}$, $\frac{5}{6}$ — 1

0 — $\frac{1}{8}$, $\frac{2}{8}$, $\frac{3}{8}$, $\frac{4}{8}$, $\frac{5}{8}$, $\frac{6}{8}$, $\frac{7}{8}$ — 1

0 — $\frac{1}{9}$, $\frac{2}{9}$, $\frac{3}{9}$, $\frac{4}{9}$, $\frac{5}{9}$, $\frac{6}{9}$, $\frac{7}{9}$, $\frac{8}{9}$ — 1

0 — $\frac{1}{10}$, $\frac{2}{10}$, $\frac{3}{10}$, $\frac{4}{10}$, $\frac{5}{10}$, $\frac{6}{10}$, $\frac{7}{10}$, $\frac{8}{10}$, $\frac{9}{10}$ — 1

とき方 上の図で、$\frac{1}{2}$の下を見ます。$\frac{1}{2}$= ☐ = ☐ = ☐ =$\frac{5}{10}$です。

たいせつ
分母が2倍、3倍、…となっているとき、
分子も2倍、3倍、…となっている分数は、
大きさの等しい分数といえます。

答え ☐

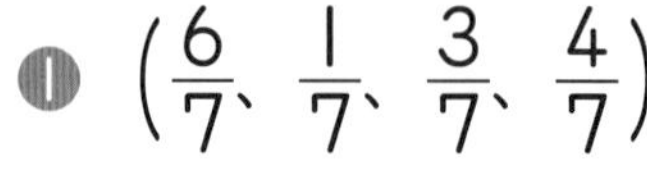

1 (　)の中の分数を、大きい順にならべましょう。 教科書 66ページ2

❶ $\left(\frac{6}{7}、\frac{1}{7}、\frac{3}{7}、\frac{4}{7}\right)$　❷ $\left(\frac{4}{6}、\frac{4}{8}、\frac{4}{5}、\frac{4}{9}\right)$

(　　　　　)　(　　　　　)

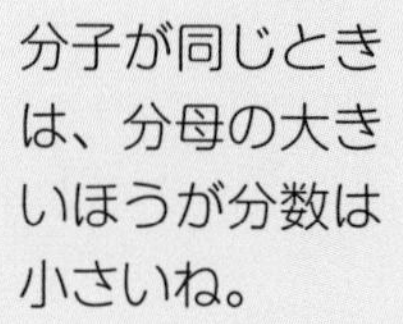

きほん 2 分母が同じ分数のたし算がわかりますか。

☆$\frac{3}{6}+\frac{4}{6}$を計算しましょう。

とき方 $\frac{1}{6}$が何こ分になるかを考えます。

$\frac{3}{6}$ + $\frac{4}{6}$ = ☐ (☐)

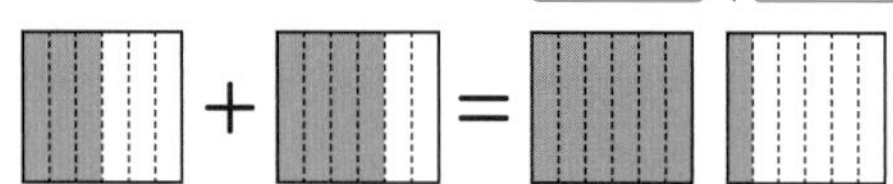

答え ☐

分母が同じ分数のたし算では、分母はそのままにして、分子だけたせばいいんだね。

さんこう
答えが仮分数になったときは、そのまま答えてもかまいませんが、帯分数になおすと、大きさがわかりやすくなります。

さんすうはかせ 分子が1の単位分数の和で表すことができる分数があるよ。
たとえば、$\frac{5}{6}$は、$\frac{5}{6}=\frac{3}{6}+\frac{2}{6}=\frac{1}{2}+\frac{1}{3}$のようにできるんだよ。

2 次の計算をしましょう。　教科書 68ページ**1** **2**

❶ $\frac{2}{8}+\frac{7}{8}$　❷ $\frac{16}{9}-\frac{11}{9}$　❸ $\frac{21}{6}-\frac{13}{6}$

ひき算も分母はそのままにして、分子だけひけばいいんだ。

きほん 3　帯分数のたし算がわかりますか。

☆$2\frac{1}{6}+1\frac{3}{6}$ の計算をしましょう。

とき方　帯分数のたし算は、帯分数を整数部分と分数部分に分けて計算します。

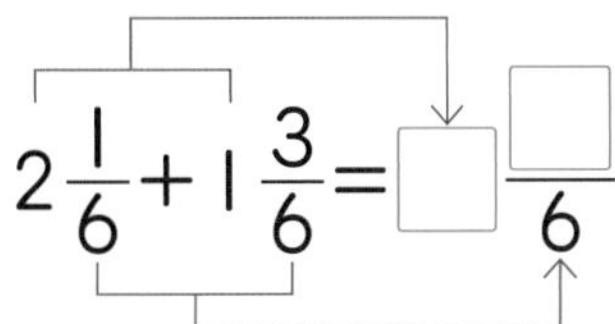

答え □

さんこう
仮分数になおして、$\frac{13}{6}+\frac{9}{6}=\frac{22}{6}$
のように計算することもできます。

3 次の計算をしましょう。　教科書 69ページ**3** **4**

❶ $1\frac{1}{4}+3\frac{2}{4}$　❷ $1\frac{2}{7}+\frac{3}{7}$

❸ $3+2\frac{1}{10}$　❹ $1\frac{2}{7}+\frac{6}{7}$

きほん 4　帯分数のひき算がわかりますか。

☆$2\frac{5}{8}-\frac{7}{8}$ の計算をしましょう。

とき方　ひく数の分数部分が大きくて、分数どうしのひき算ができないときは、ひかれる数の整数部分から１くり下げて計算します。

$2\frac{5}{8}-\frac{7}{8}=1\frac{13}{8}-\frac{7}{8}=\square$

ひかれる数の整数部分から１くり下げて計算する。

答え □

さんこう
仮分数になおして、$\frac{21}{8}-\frac{7}{8}=\frac{14}{8}$
のように計算することもできます。

4 次の計算をしましょう。　教科書 70ページ**5** **6**

❶ $4\frac{3}{5}-1\frac{2}{5}$　❷ $3\frac{2}{9}-1\frac{1}{9}$

❸ $3\frac{3}{7}-\frac{5}{7}$　❹ $3-\frac{1}{6}$

❶の帯分数どうしのひき算はこうなるよ。
$4\frac{3}{5}-1\frac{2}{5}=3\frac{1}{5}$

ポイント　分母が同じ分数のたし算やひき算は、分子の数で考えることができます。また、帯分数のときは、整数部分と分数部分に分けて考えます。

教科書 ㊦60〜72ページ　答え 15ページ

できた数 /13問中

1 いろいろな分数 次の分数を真分数(しんぶんすう)、仮分数(かぶんすう)、帯分数(たいぶんすう)に分けましょう。

〔 $\frac{5}{2}$　$\frac{4}{7}$　$1\frac{4}{9}$　$\frac{8}{3}$　$\frac{5}{6}$　$2\frac{1}{5}$ 〕

真分数（　　　）　仮分数（　　　）　帯分数（　　　）

2 仮分数と帯分数 帯分数は仮分数に、仮分数は帯分数か整数になおしましょう。

❶ $2\frac{3}{8}$（　　　）　❷ $1\frac{6}{7}$（　　　）

❸ $\frac{14}{5}$（　　　）　❹ $\frac{20}{4}$（　　　）

3 分数の大きさ （　）の中の分数を、大きい順(じゅん)にならべましょう。

$\left(\frac{5}{9}、\frac{5}{6}、\frac{5}{5}、\frac{5}{3}\right)$（　　　）

4 分数のたし算・ひき算 次の計算をしましょう。

❶ $\frac{3}{8}+\frac{6}{8}$　❷ $1\frac{2}{7}+\frac{5}{7}$

❸ $\frac{9}{10}-\frac{6}{10}$　❹ $2\frac{3}{9}-1\frac{5}{9}$

5 分数のひき算の文章題 テープが $2\frac{2}{5}$ m あります。$1\frac{3}{5}$ m 使うと、残(のこ)りは何 m になりますか。

式

答え（　　　）

てびき

1 いろいろな分数
真分数…分子が分母より小さい分数
仮分数…分子が分母と等しいか、分子が分母より大きい分数
帯分数…整数と真分数をあわせた分数

2 仮分数と帯分数
❶ $2\frac{3}{8}=\frac{■}{8}$
$8\times2+3=■$

❸ $\frac{14}{5}=●\frac{■}{5}$
$14\div5=●$あまり■

3 分数の大きさ
分子が同じなら、分母が大きくなると分数は小さくなります。

4 分数のたし算・ひき算
分母が同じ分数のたし算やひき算は、分母はそのままにして、分子だけ計算します。

5 文章題
分数の場合でも、整数のときと同じように考えて式をかき、計算します。

できるナビ　1より大きい分数を帯分数や仮分数になおす方法をしっかり覚(おぼ)えて、大きさくらべや、たし算・ひき算に利用しましょう。

練習のワーク②

教科書 下60〜72ページ　答え 15ページ

できた数 /20問中

1 仮分数と帯分数 帯分数は仮分数に、仮分数は帯分数か整数になおしましょう。

❶ $5\frac{3}{8}$ (　　)　❷ $1\frac{7}{9}$ (　　)

❸ $\frac{11}{7}$ (　　)　❹ $\frac{18}{3}$ (　　)

2 分数の大小 □にあてはまる不等号（ふとうごう）をかきましょう。

❶ $3\frac{1}{7}$ □ $\frac{18}{7}$　❷ $\frac{56}{9}$ □ $5\frac{7}{9}$

❸ $\frac{31}{8}$ □ 4　❹ $\frac{7}{5}$ □ $\frac{7}{8}$

3 分数のたし算 次の計算をしましょう。

❶ $\frac{4}{5}+\frac{3}{5}$　❷ $\frac{5}{10}+\frac{9}{10}$

❸ $1\frac{2}{6}+\frac{2}{6}$　❹ $\frac{3}{8}+2\frac{5}{8}$

❺ $1\frac{2}{9}+3\frac{3}{9}$　❻ $2\frac{3}{4}+1\frac{2}{4}$

4 分数のひき算 次の計算をしましょう。

❶ $\frac{7}{4}-\frac{2}{4}$　❷ $1\frac{4}{5}-\frac{6}{5}$

❸ $3\frac{5}{6}-1\frac{2}{6}$　❹ $4\frac{1}{10}-2\frac{4}{10}$

❺ $2\frac{4}{7}-\frac{6}{7}$　❻ $3-1\frac{2}{9}$

てびき

1 仮分数と帯分数
仮分数を帯分数になおすときは、分子÷分母の計算をします。わりきれるときは、整数になります。

2 分数の大小
仮分数か帯分数のどちらかにそろえて、大きさをくらべます。
分母が同じ分数では、分子が大きくなると、分数は大きくなります。
分子が同じ分数では、分母が大きくなると、分数は小さくなります。

3 分数のたし算
帯分数をふくむときは、整数部分と分数部分に分けて考えます。

4 分数のひき算
帯分数のひき算で、分数部分がひけないときは、ひかれる数の整数部分から1くり下げて考えます。
❺ $2\frac{4}{7}=1\frac{11}{7}$ と考えます。

できるナビ 帯分数のたし算やひき算は、整数部分と分数部分に分けて考えましょう。

勉強した日　月　日

まとめのテスト①

教科書 ㊦60〜72ページ　答え 15ページ

時間 20分　とく点 /100点　おわったらシールをはろう

1 よく出る 次の仮分数(かぶんすう)は帯分数(たいぶんすう)か整数に、帯分数は仮分数になおしましょう。　1つ6〔18点〕

❶ $\frac{10}{7}$　❷ $\frac{12}{4}$　❸ $2\frac{4}{5}$

(　　)　(　　)　(　　)

2 □にあてはまる不等号(ふとうごう)をかきましょう。　1つ6〔18点〕

❶ $\frac{8}{3}$ □ $2\frac{1}{3}$　❷ $\frac{11}{4}$ □ $3\frac{1}{4}$　❸ $\frac{16}{5}$ □ 3

3 よく出る 次の計算をしましょう。　1つ6〔36点〕

❶ $\frac{4}{5}+\frac{3}{5}$　❷ $1\frac{3}{8}+\frac{6}{8}$　❸ $1\frac{5}{7}+1\frac{2}{7}$

❹ $4\frac{5}{6}-1\frac{4}{6}$　❺ $2\frac{2}{9}-1\frac{5}{9}$　❻ $4-1\frac{3}{4}$

4 青いリボンの長さは $1\frac{1}{3}$ m で、赤いリボンより $\frac{2}{3}$ m 短いそうです。赤いリボンの長さは何 m ですか。　1つ7〔14点〕

式

答え (　　)

5 $4\frac{3}{8}$ kg の小麦粉(こむぎこ)のうち、$1\frac{5}{8}$ kg を使いました。小麦粉は何 kg 残(のこ)っていますか。　1つ7〔14点〕

式

答え (　　)

チェック
□ 真分数(しんぶんすう)、仮分数、帯分数のちがいがわかり、大きさをくらべられたかな？
□ 分母が同じ分数のたし算ができたかな？

まとめのテスト②

教科書 ㊦60～72ページ　答え 16ページ

時間 20分　とく点 /100点　おわったらシールをはろう

1 ( )の中の分数を、大きい順にならべましょう。　1つ5〔20点〕

❶ $\left(\frac{13}{5}、4、\frac{13}{3}\right)$　(　　　)

❷ $\left(\frac{5}{6}、1、\frac{5}{4}\right)$　(　　　)

❸ $\left(\frac{2}{6}、\frac{5}{6}、\frac{3}{6}、\frac{1}{6}\right)$　(　　　)

❹ $\left(\frac{2}{10}、\frac{2}{7}、\frac{2}{8}、\frac{2}{5}\right)$　(　　　)

2 よく出る 次の計算をしましょう。　1つ5〔30点〕

❶ $\frac{5}{9}+\frac{7}{9}$　❷ $2\frac{1}{4}+\frac{2}{4}$　❸ $1\frac{3}{7}+\frac{3}{7}$

❹ $1\frac{1}{5}+2\frac{3}{5}$　❺ $3\frac{7}{8}+3\frac{4}{8}$　❻ $2\frac{7}{12}+1\frac{5}{12}$

3 $1\frac{3}{7}$L のジュースがあります。そこへ $\frac{2}{7}$L のジュースをたすと、全部で何L になりますか。　1つ5〔10点〕

式

答え (　　　)

4 よく出る 次の計算をしましょう。　1つ5〔30点〕

❶ $\frac{15}{9}-\frac{8}{9}$　❷ $2-\frac{4}{6}$　❸ $2\frac{4}{5}-\frac{3}{5}$

❹ $4\frac{6}{7}-2\frac{3}{7}$　❺ $3\frac{3}{4}-1\frac{2}{4}$　❻ $3\frac{5}{8}-\frac{6}{8}$

5 家からデパートまでは、$5\frac{2}{3}$km あります。$1\frac{1}{3}$km は歩き、残りはバスに乗ります。バスに乗るのは、何km ですか。　1つ5〔10点〕

式

答え (　　　)

ふろくの「計算練習ノート」25～27ページをやろう！

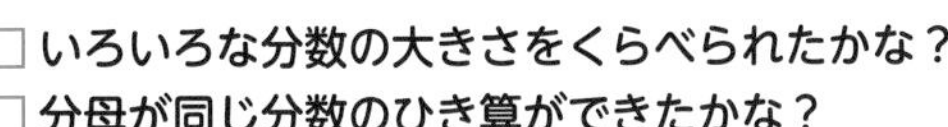

勉強した日　　月　　日

どのように変わるか調べよう

きほんのワーク

学習の目標
2つの数量の関係を、表や式に表したり、式を利用して考えよう。

おわったらシールをはろう

教科書　㊦78～85ページ　答え　16ページ

きほん1　2つの数量の関係を式に表すことができますか。

☆8このおはじきを、ひろしさんとさやかさんが2人で分けます。このとき、ひろしさんのおはじきの数を□こ、さやかさんのおはじきの数を△こととして、□と△の関係(かんけい)を式に表しましょう。

とき方　2人のおはじきの数を表に表すと、

ひろしさん(□こ)	0	1	2	3	4	5	6	7	8
さやかさん(△こ)	8	7	6	5	4	3	2	1	0

表をたてに見ると、
0+8=8
1+7=8
2+6=8
⋮
となっているね。

ことばの式をかくと、
ひろしさんのこ数 + さやかさんのこ数 = □
となるので、□+△= □ と表せます。

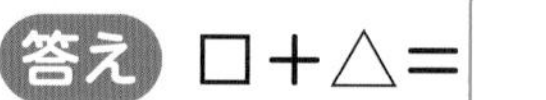

答え　□+△= □

1 長さ1cmのぼうを26本ならべて長方形をつくります。　教科書　79ページ1

❶ たての長さと横の長さの合計は何cmになりますか。

(　　　　)

❷ たての長さが1cmずつ長くなると、横の長さがどのように変(か)わるか、下の表にかいて調べましょう。

ことばの式に表すと、
13cm－たての長さ
＝横の長さだね。

たての長さ(cm)	1	2	3	4	5	6
横の長さ(cm)						

❸ たての長さを□cm、横の長さを△cmとして、□と△の関係を式に表しましょう。

(　　　　)

2 今、けんさんは10才、弟は6才で、2人のたん生日は同じです。2人の年令(ねんれい)を、右の表にまとめ、けんさんの年令を□才、弟の年令を△才として、□と△の関係を式に表しましょう。

けんさん(才)	10	11	12	13
弟(才)				

教科書　81ページ2

(　　　　)

2つの量(りょう)があって、一方が変われば、もう一方も変わるようなとき、「ともなって変わる量」というよ。身近(みぢか)にあるいろいろな「ともなって変わる量」をさがしてみよう。

きほん2 2つの数量の変わり方を調べることができますか。

☆ | 辺(へん)が | cmの正方形のあつ紙を、右の図のようにならべて、正方形をつくります。

| だん　2だん　3だん　4だん　……

❶ 8だんならべたときのまわりの長さは何cmになりますか。

❷ まわりの長さが40cmになるのは、何だんならべたときですか。

とき方 だんの数とまわりの長さの関係を調べると、右の表のようになります。

だんの数(だん)	1	2	3	4	5	6
まわりの長さ(cm)	4	8	12	16	20	24

だんの数が | だんふえると、
まわりの長さは □ cmずつふえます。
また、だんの数を□だん、まわりの長さを△cmとして式に表すと、□× □ ＝△となります。

ことばの式に表すと、
だんの数×4
＝まわりの長さだね。

❶ 8だんならべたときのまわりの長さは
8× □ ＝ □ (cm)です。

❷ まわりの長さが40cmになるのは、40÷ □ ＝ □ (だん)です。

答え ❶ □ cm　❷ □ だん

3 | こ60円のおかしを買います。　教科書 83ページ3

❶ おかしの数と代金の関係を右の表にまとめましょう。

おかしの数(こ)	1	2	3	4
代金(円)	60			

❷ おかしの数を□こ、代金を△円として、おかしの数と代金の関係を式に表しましょう。

(　　　　)

❸ おかしの数が12このとき、代金は何円になりますか。

式

答え(　　　　)

❹ 代金が900円になるのは、おかしを何こ買ったときですか。

式

答え(　　　　)

2つの数量の間にある関係を式に表すときに、ことばの式に表してそれにあてはめてみたり、表に整理してその数の横やたての関係を考えてみたりすることが大切です。

練習のワーク

教科書 ㊦78～87ページ　答え 16ページ

勉強した日　月　日

できた数　/4問中

おわったらシールをはろう

1 変わり方と表・式　1辺の長さが1cmの正三角形をならべて、下のような大きな正三角形をつくっていきます。

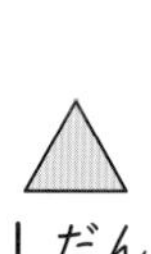
1だん

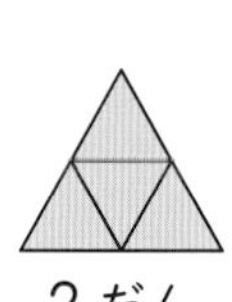
2だん

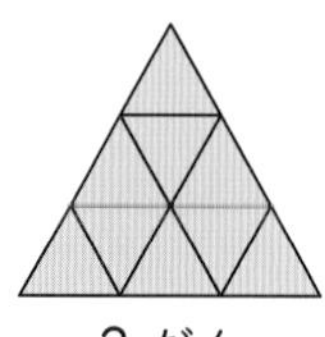
3だん

……

❶ だんの数とまわりの長さを調べて、下の表にまとめましょう。

だんの数(だん)	1	2	3	4	5
まわりの長さ(cm)	3	6		12	

❷ だんの数を□だん、まわりの長さを△cmとして、□と△の関係を式に表しましょう。

(　　　　)

❸ だんの数が25だんのとき、まわりの長さは何cmですか。

式

答え(　　　　)

❹ まわりの長さがはじめて1mをこえるのは、だんの数が何だんのときですか。

式

答え(　　　　)

1 変わり方と表・式
2つの量の関係は表にまとめると、はっきりします。

「和や差が決まった数になる」、「何倍の関係にある」など、いろいろな関係が考えられます。
まよったときは、**ことばの式**に表してみましょう。

❶の表は、たて方向にみると、まわりの長さはだんの数の3倍になっています。
横方向にみると、まわりの長さは3ずつふえています。

❷(だんの数)×3=(まわりの長さ)です。

実さいの図をかいていくと変わり方のようすがわかってくるよ。

できるナビ　ともなって変わる2つの量の関係を表にまとめたり、式に表したりできるようにしましょう。

時間20分 とく点 /100点 おわったらシールをはろう

1 よく出る おはじきが9こあります。 1つ11〔22点〕

❶ このおはじき全部を右手と左手に持ったとき、右手に持った数と左手に持った数の関係を下の表にまとめましょう。

右手に持った数(こ)	0	1	2			5	6	7	8	9
左手に持った数(こ)	9	8	7	6	5					

❷ 右手に持った数を□こ、左手に持った数を△こととして、□と△の関係を式に表しましょう。

（　　　　）

2 よく出る 横の長さが、たての長さより3cm長い長方形をかきます。 1つ13〔39点〕

❶ たての長さと横の長さの関係を、右の表にまとめましょう。

たて(cm)	1	2	3	4	5	6	7
横(cm)	4	5	6				

❷ たての長さを□cm、横の長さを△cmとして、□と△の関係を式に表しましょう。

（　　　　）

❸ たての長さが15cmのとき、横の長さは何cmですか。

（　　　　）

3 たての長さが1cm、横の長さが4cmの長方形があります。たての長さを2cm、3cm、…にのばすと、面積（めんせき）はどのように変わるか調べましょう。 1つ13〔39点〕

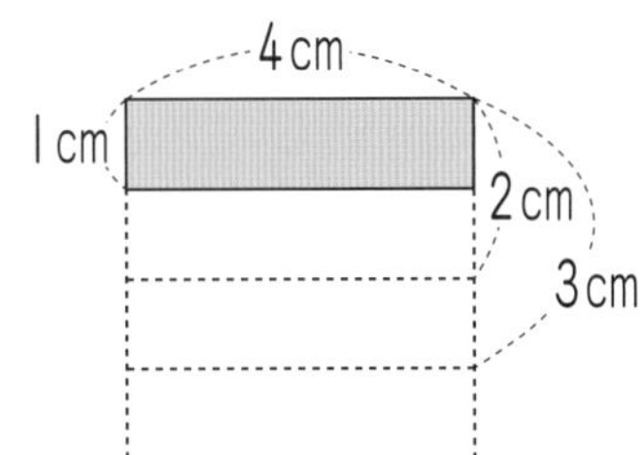

❶ たての長さと面積の関係を、下の表にまとめましょう。

たて(cm)	1	2	3	4	
面積(cm^2)	4	8			20

❷ たての長さを□cm、面積を△cm^2として、□と△の関係を式に表しましょう。

（　　　　）

❸ 面積が28cm^2のとき、たての長さは何cmですか。

（　　　　）

□ともなって変わる２つの量の関係を表を使って調べられたかな？
□ともなって変わる２つの量の関係を□や△を使って式に表すことができたかな？

勉強した日　　月　　日

がい数で計算しよう [その1]

きほんのワーク

学習の目標 がい数を使って、和や差、積の見積もりができるようにしよう。

おわったらシールをはろう

教科書　㊦ 88～91ページ　答え 17ページ

きほん 1　和や差をがい数で求めることができますか。

☆右の表は、ある日の動物園と植物園の入場者数を表しています。動物園と植物園の入場者数の和と差(さ)は、約(やく)何千人ですか。

	入場者数
動物園	5486 人
植物園	2739 人

とき方 たし算やひき算のがい算は、[　　] して求める位(くらい)までのがい数にしてから計算します。
入場者数を四捨五入(ししゃごにゅう)して千の位までのがい数にすると、動物園は約 [　　] 人、植物園は約 [　　] 人になります。

入場者数の和は、[　　] ＋ [　　] ＝ [　　]

入場者数の差は、[　　] － [　　] ＝ [　　]

和や差のおよその数を求めるとき、がい数を使うと、計算がかんたんになるね。

ちゅうい
がい数で計算し答えを求めることを、がい算といいます。

答え 入場者数の和…約 [　　] 人
入場者数の差…約 [　　] 人

1 右の表は、ある野球場の土曜日と日曜日の入場者数を表したものです。　教科書 88ページ1

曜日	入場者数
土曜日	25369 人
日曜日	42837 人

❶ 土曜日と日曜日の入場者数は、それぞれ約何万何千人ですか。

土曜日（　　　　）　日曜日（　　　　）

❷ 土曜日と日曜日の入場者数をあわせると、約何万何千人になりますか。

式

答え（　　　　）

❸ 日曜日の入場者数は、土曜日の入場者数より約何万何千人多いですか。

式

答え（　　　　）

がい数にしてから計算し、答えを求めることを「がい算」というよ。ふだんの生活では、がい算で見積(みつ)もることによって、見通しがたち便利(べんり)になることが多くあるんだよ。

きほん2 見積もりをするのに、がい数を使って計算ができますか。

☆165円のノート、325円のはさみ、120円のボールペン、95円の消しゴムがあります。

❶ 上の4つを1つずつ全部買うときの代金の合計は、およそ何円ですか。

❷ ノートとボールペンと消しゴムを1つずつ買うと、500円で足りますか。

❸ ノートとはさみとボールペンを1つずつ買うと、500円をこえますか。

とき方 ❶ 四捨五入して百の位(くらい)までのがい数にしてから、代金の合計の見積(みつ)もりをします。

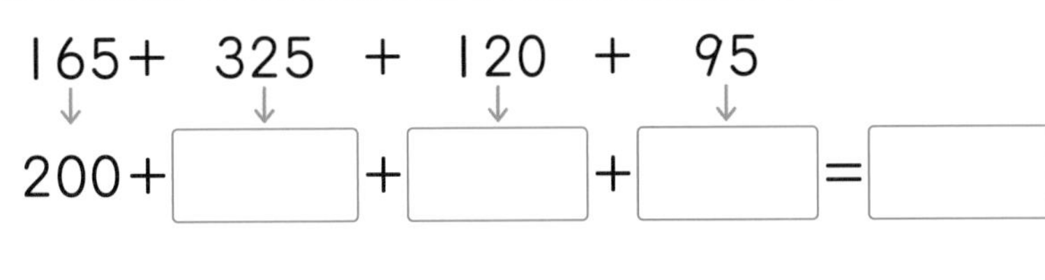

165＋ 325 ＋ 120 ＋ 95

200＋□＋□＋□＝□

❷ 多めに考えて、500円をこえなければよいので、切り上げて百の位までのがい数にしてから計算します。

165＋ 120 ＋ 95

200＋□＋□＝□

❸ 少なめに考えて、500円をこえていればよいので、切り捨(す)てて百の位までのがい数にしてから計算します。

165＋ 325 ＋ 120

100＋□＋□＝□

答え ❶ 約□円 ❷ □ ❸ □

ちゅうい
たし算やひき算のがい算は、四捨五入して求める位までのがい数にしてから計算します。多めに見積もるときは切り上げて、少なめに見積もるときは切り捨ててがい数にします。

2 のりかさんは、130円のポテトチップスと285円のチョコレートと98円のあめと325円のクッキーを買おうと思います。1000円で足りますか。 教科書 90ページ2

（　　　　）

3 たくやさんは、1月に455円、2月に310円、3月に362円の貯金(ちょきん)をしました。この貯金で1000円の本が買えますか。 教科書 90ページ2

（　　　　）

ポイント がい数にするときは、ふつう「四捨五入」をしますが、目的(もくてき)に合わせて「切り上げ」や「切り捨て」の方法(ほうほう)も選(えら)べるようにしましょう。

勉強した日　月　日

がい数で計算しよう［その2］

きほんのワーク

学習の目標
がい数を使って、いろいろな計算の見積もりができるようにしよう。

おわったら シールを はろう

教科書 ㊦92ページ　答え 17ページ

きほん1 積を見積もることができますか。

☆3年生と4年生のあわせて187人が遠足に行きます。費用(ひよう)は1人415円かかります。全体では、およそ何円になるか見積(みつ)もりましょう。また、電たくで計算して、実さいの費用を求めましょう。

とき方 四捨五入して上から1けたのがい数にして、全体の費用を見積もります。上から1けたのがい数にすると、1人分の費用415円は約400円、人数187人は約□人になるので、

全体のおよその費用は、400×□＝□

次に、電たくを使って、実さいの費用を計算しましょう。

415×187＝□

かけ算では、位取(くらいど)りをまちがえないためにも、積(せき)を見積もることが大切なんだ。

ちゅうい
積の見積もりをするときは、ふつうかけられる数もかける数も上から1けたのがい数にして計算します。かけ算では、けた数をまちがえないためにも、積を見積もるとよいでしょう。

答え 約□円

実さいの費用□円

1 次の積を見積もりましょう。また、電たくで計算しましょう。　教科書 92ページ3

❶ 394×73

見積もり（　　）

電たく（　　）

❷ 527×261

見積もり（　　）

電たく（　　）

2 重さ315gのかんづめが102こあります。重さの合計は、およそ何kgになりますか。上から1けたのがい数にして、見積もりましょう。　教科書 92ページ3

（　　）

いろいろな計算をするとき、がい算で答えを見積もることによって、答えの見当をつけることができるので、おおよその答えをたしかめるのに、役立つよ。

きほん2 商を見積もることができますか。

☆188人が参加する子ども会のお楽しみ会で、全員にプレゼントをします。予算は51700円です。188人で等分すると1人分のプレゼント代は、およそ何円になるか見積もりましょう。また、電たくで計算して、実さいの金がくを求めましょう。

とき方 四捨五入して上から1けたのがい数にして、1人分を見積もります。

予算51700円を約[　　]円、参加する人数

188人を約[　　]人として、1人分を見積もると、

50000÷[　　]＝[　　]

次に、電たくを使って、実さいの金がくを計算しましょう。

[　　]÷[　　]＝[　　]　　**答え** 約[　　]円　[　　]円

わり算でも、商を見積もることは大切だよ。

3 次の商を見積もりましょう。また、電たくで計算しましょう。　教科書 92ページ3

❶ 9483÷327

見積もり（　　）

電たく（　　）

❷ 28830÷465

見積もり（　　）

電たく（　　）

❸ 724500÷483

見積もり（　　）

電たく（　　）

4 先月184Lの石油を使った工場があります。毎月これと同じ量ずつ石油を使うとすると、いま工場にある2576Lの石油は、およそ何か月分にあたりますか。上から1けたのがい数にして、見積もりましょう。　教科書 92ページ3

（　　）

ポイント 何のために見当をつけるのかを考え、目的にあった方法でがい数にして、およその大きさが見積もれるようになりましょう。

勉強した日　月　日

練習のワーク

教科書 ㊦ 88～92ページ　答え 17ページ

できた数 /15問中

1 たし算やひき算のがい算 下の表は、ある遊園地の入場者数を表しています。

曜日	入場者数
土曜日	14078 人
日曜日	17956 人

❶ 土曜日、日曜日の入場者数の合計は、約何万何千人ですか。

(　　　　)

❷ 土曜日、日曜日の入場者数の差は、約何千人ですか。

(　　　　)

2 積や商の見積もり 積や商を見積もりましょう。また、電たくで計算しましょう。

❶ 286×93
見積もり(　　　　)
電たく(　　　　)

❷ 673×714
見積もり(　　　　)
電たく(　　　　)

❸ 496×989
見積もり(　　　　)
電たく(　　　　)

❹ 1104÷24
見積もり(　　　　)
電たく(　　　　)

❺ 20196÷396
見積もり(　　　　)
電たく(　　　　)

❻ 717600÷5200
見積もり(　　　　)
電たく(　　　　)

3 見積もりの利用 あるスーパーマーケットでは、2000 円以上買うと、ちゅう車場代が無料になります。425 円のせんざい、298 円の油、818 円のスリッパ、103 円のジュース、540 円のくつ下を買うとき、ちゅう車場代は無料になりますか。

(　　　　)

てびき

1 がい算

がい数で計算し、答えを求めることを、「がい算」といいます。
問題文より、はじめに何の位までのがい数にすればよいかを正しくよみとりましょう。

この問題では、千の位までのがい数にして計算します。

2 積や商の見積もり

たいせつ

積や商の見積もりをするときは、上から１けたのがい数にして計算します。

3 見積もりの利用

目的にあった見積もりのしかたを覚えておきましょう。

ちゅうい

多めに見積もるときは、切り上げてがい数にします。
少なめに見積もるときは、切り捨ててがい数にします。

できるナビ　積や商を見積もるときは、上から１けたのがい数にして計算します。

まとめのテスト

教科書 ㊦ 88〜92ページ　答え 18ページ

とく点 /100点

おわったら シールを はろう

1 よく出る 右の表は、ある動物園の3月から6月までの入場者数を月ごとにまとめたものです。 1つ16〔48点〕

月	入場者数
3月	67820人
4月	76380人
5月	102365人
6月	24057人

❶ 3月と4月の入場者数の合計は、約何万何千人ですか。

(　　　　)

❷ 5月と6月の入場者数の差は、約何万人ですか。

(　　　　)

❸ 3月から6月までの4か月間の入場者数の合計は約何万人ですか。

(　　　　)

2 ある店で、1本315円のジュースが485本売れました。売り上げの合計はおよそ何円ですか。上から1けたのがい数にして、見積もりましょう。 〔16点〕

(　　　　)

3 遊園地のある1日の入場者数は396人で、売り上げは833580円でした。1人あたりの使ったお金はおよそ何円ですか。上から1けたのがい数にして、見積もりましょう。 〔16点〕

(　　　　)

4 さやかさんは、ねだんの合計が500円をこえないでなるべく500円に近くなるように、遠足のおやつを買います。下の中からおやつをいくつか選(えら)んで買うとき、どれを選べばよいですか。 〔20点〕

せんべい 262円

キャンディー 98円

チョコレート 245円

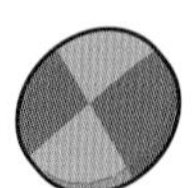
クッキー 372円

ポテトチップス 154円

(　　　　)

ふろくの「計算練習ノート」19ページをやろう！

□ 四捨五入(ししゃごにゅう)のしかたがわかり、がい数で表すことができたかな？
□ がい数を使って、和や差、積、商を見積もることができたかな？

勉強した日　月　日

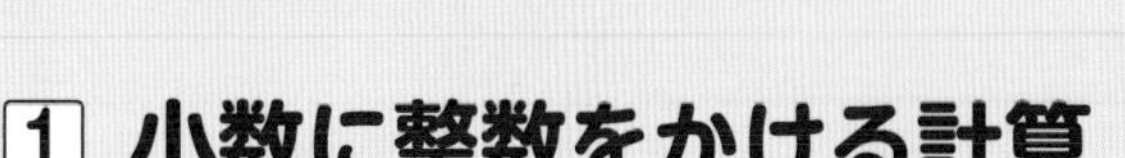

1 小数に整数をかける計算

きほんのワーク

学習の目標
小数に整数をかける計算を考え、筆算ができるようになろう。

おわったらシールをはろう

教科書 下 94〜100ページ　答え 18ページ

きほん1 小数に整数をかける意味がわかりますか。

☆さとうが 0.4 kg はいったふくろが 3 ふくろあります。さとうは、全部で何 kg ありますか。

とき方　整数のときと同じように、もとになる［　］kg の 3 こ分の大きさを求めるので、0.4×3 の計算をします。

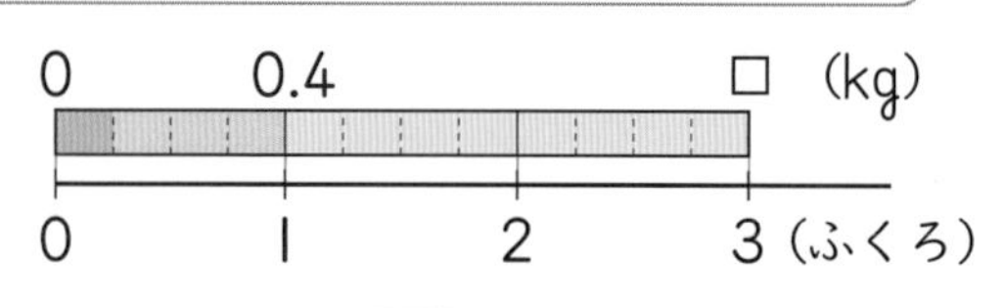

0.4 kg は 0.1 kg が［　］こだから、

0.1 kg をもとに考えると、4×3＝［　］

より、0.1 kg が［　］こで［　］kg です。

答え［　］kg

1 次の計算をしましょう。　教科書 95ページ1

❶ 0.2×4　❷ 0.5×7　❸ 0.3×8　❹ 0.8×9

きほん2 小数×整数の筆算ができますか。

☆1.6×7 の計算をしましょう。

とき方　《1》0.1 をもとにして考えると、

1.6……0.1 が［　］こ

1.6×7……0.1 が（［　］×7）こ

《2》かけられる数を 10 倍して考えると、

1.6×7＝11.2
↓10倍　÷10
16×7＝112

《3》筆算では、次のようになります。

```
  1.6        1.6        1.6
×   7   →  ×   7   →  ×   7
─────      ─────      ─────
           □□□         11.2
```

1.6 の 6 と 7 をそろえてかく。　16×7 の計算をする。　かけられる数にそろえて積の小数点をうつ。

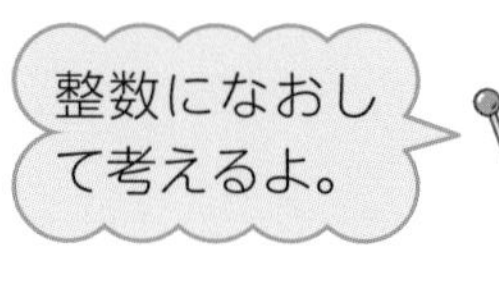

答え［　］

さんすうはかせ　小数をふくむかけ算の筆算は、小数点を考えないで整数の計算と同じようにするから、位をそろえるのではなく、右にそろえてかくと覚えておこう。

2 次の計算をしましょう。 教科書 97ページ2 99ページ3

❶
  3.8
× 　8

❷
 19.6
×　 4

❸
  0.3
× 　2

❹
  2.7
× 59

きほん3 積の最後が 0 になる筆算ができますか。

☆4.5×6 の計算をしましょう。

とき方 これまでと同じように計算します。

  4.5
× 　6
□□□

➡

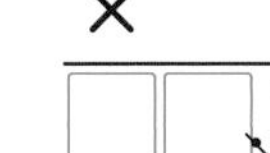

  4.5
× 　6
□□.0

小数点と最後の0 は消します。

答え □

3 次の計算をしましょう。 教科書 99ページ4

❶
  2.5
× 　8

❷
  4.6
× 35

❸
  3.6
× 　5

❹
 17.5
×　 4

きほん4 $\frac{1}{100}$の位まである小数のかけ算ができますか。

☆1.83×4 の計算をしましょう。

とき方 きほん2の 1.6×7 と同じように計算します。

 1.83
×　 4
□□□

➡

 1.83
×　 4
□□□

答え □

4 次の計算をしましょう。 教科書 100ページ5

❶
 0.06
×　 9

❷
 1.78
×　 4

❸
 2.65
×　 8

❹
 1.03
×　27

ポイント かけられる数やかける数が何けたになっても、計算のしかたは同じです。積に小数点をうつときに、うつ位置に注意します。

勉強した日　月　日

学習の目標
小数を整数でわる計算を考え、筆算ができるようになろう。

おわったらシールをはろう

2 小数を整数でわる計算

教科書 下 101～105ページ　答え 18ページ

きほん 1 小数を整数でわる意味がわかりますか。

☆3.2 m のリボンを 4 人で等分します。1 人分は何 m になりますか。

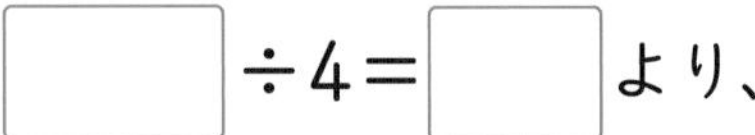

とき方　3.2m を 4 等分した 1 つ分を求める(もと)ので、□÷4 の計算をします。
3.2m は 0.1m が □ こだから、
0.1 をもとに考えると、
□÷4＝□ より、
1 人分は、0.1 が □ こで □ m です。

0　□　3.2(m)
0　1　2　3　4(人)

答え □ m

1 次の計算をしましょう。　教科書 101ページ1

❶ 2.7÷3　❷ 7.2÷9　❸ 0.6÷2

❹ 4.8÷6　❺ 2.5÷5　❻ 4.2÷7

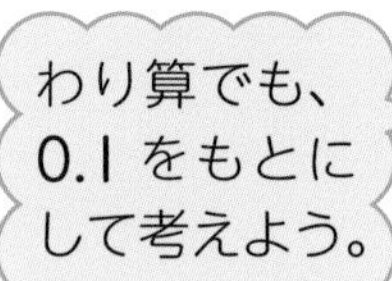

きほん 2 小数÷整数の筆算ができますか。

☆5.4 ÷ 3 の計算をしましょう。

とき方　小数を整数でわる計算の筆算のしかたは、整数のときと同じです。わられる数の小数点にそろえて、商の小数点をうちます。

```
    1             1□            1.□
3)5.4   ➡   3)5.4   ➡   3)5.4
  3             3             3
  2             2             2 4 ←0.1が24こ
                              □□
                                □
```

一の位(くらい)の 5 を 3 でわる。

わられる数の小数点にそろえて、商の小数点をうつ。

答え □

【1 より小さい数（1）】17 世紀(せいき)に吉田光由(よしだみつよし)という人が「塵劫記(じんこうき)」という本に小さい数の名をかいているよ。

2 次の計算をしましょう。　教科書 103ページ2 104ページ3

❶ $5\overline{)7.5}$

❷ $6\overline{)27.6}$

❸ $12\overline{)25.2}$

きほん3 一の位に商がたたないわり算ができますか。

☆1.8Lの牛乳(ぎゅうにゅう)を6つのコップに等分します。1つ分は何Lになりますか。

とき方 1.8Lを6等分した1つ分を求めるので、□÷6の計算をします。筆算では、わられる数の一の位の1は、わる数の6より小さいので、商の一の位に□をかいて、小数点をうってから計算を進めます。

一の位の0や小数点をわすれずにかこう。

$6\overline{)1.8}$ （商 0.□）

答え □L

3 次の計算をしましょう。　教科書 105ページ4

❶ $8\overline{)6.4}$

❷ $16\overline{)9.6}$

❸ $12\overline{)10.8}$

きほん4 $\frac{1}{100}$の位まである小数のわり算ができますか。

☆7.44÷4の計算をしましょう。

とき方 0.01をもとにして考えると、

7.44……0.01が□こ

7.44÷4……0.01が(□÷4)こ

筆算すると、右のようになります。

7.44÷4=□

答え □

```
   1.8 6
4)7.4 4
  4
  3 4    ←0.1が34こあることを表す。
  3 2
    2 4  ←0.01が24こあることを表す。
    2 4
      0
```

4 次の計算をしましょう。　教科書 105ページ5

❶ $5\overline{)9.35}$

❷ $2\overline{)7.56}$

❸ $7\overline{)5.32}$

ポイント　商がたたない位には0をかくことや、商にも小数点をうつことなどをわすれないようにしましょう。

勉強した日 月 日

③ いろいろなわり算
④ 何倍かを表す小数
きほんのワーク

学習の目標
小数を整数でわる、いろいろな計算になれていこう。

おわったらシールをはろう

教科書 ㊦106～110ページ 答え 18ページ

きほん1 小数のわり算で、あまりの求め方がわかりますか。

☆9.3÷4 を、商は一の位まで計算して、あまりも求めましょう。

とき方 筆算は右のようになります。小数を整数でわるとき、あまりの小数点は、わられる数にそろえてうちます。

9.3÷4＝□ あまり □

答え □

（筆算：4)9.3 商 2、8、あまり □.□）

0.1 が 13 こあることを表しているので、あまりは 1.3 になる。

1 商は一の位まで計算して、あまりも求めましょう。 教科書 106ページ1

❶ 3)7.6　❷ 9)34.3　❸ 14)64.8

きほん2 わりきれるまで計算できますか。

☆2.8 kg のねん土を 8 等分すると、1 つ分は何 kg になりますか。

とき方 2.8kg を 8 等分した 1 つ分を求めるので、□÷□の計算をすると、1 つ分が 0.3kg であまりが 0.4kg になります。

あまりの 0.4kg は 400g のことなので、もっと分けることができます。2.8 を 2.80 と考えて、わり算を続けます。

（筆算：8)2.8 商 0.3、24、0.4 → 8)2.80 商 0.3□、24、40、40、0）

0 をおろして、わり算を続ける。

←0.01 が 40 こ

答え □ kg

2 わりきれるまで計算しましょう。 教科書 107ページ2

❶ 5)5.2　❷ 14)45.5　❸ 12)18

さんすうはかせ 【1 より小さい数（2）】一の位の下は、「分、厘、毛、糸、忽、微、繊、沙、塵、埃、渺、漠、模糊、逡巡、須臾、瞬息、弾指、刹那、六徳、虚空、清浄」となるよ。

きほん 3 商をがい数で求めるわり算ができますか。

☆ 18÷7の計算をし、答えは四捨五入(ししゃごにゅう)して、上から2けたのがい数で求めましょう。

とき方 答えを上から2けたのがい数で求めるには、上から□けたまで計算して四捨五入します。

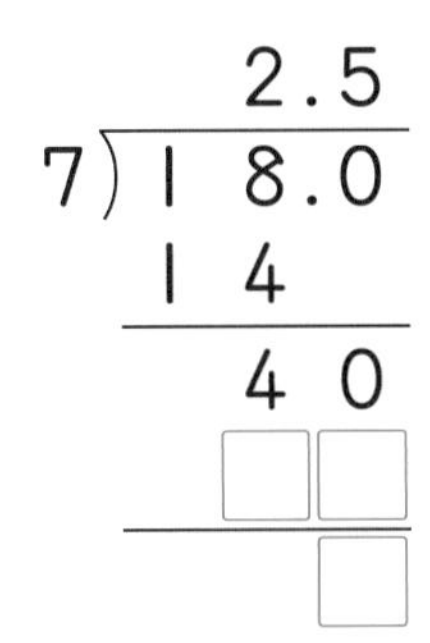

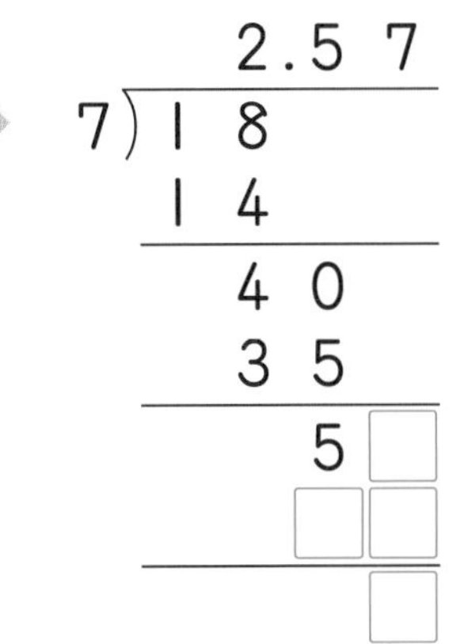

答え 約(やく)□

3 答えは四捨五入して、上から2けたのがい数で求めましょう。 教科書 108ページ3

❶ 7)16　❷ 9)15　❸ 12)34

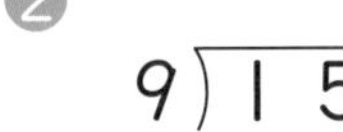

きほん 4 小数の倍の意味がわかりますか。

☆ 水が、水そうには9L、ポットには2Lはいります。水そうには、ポットの何倍の水がはいりますか。

とき方 2倍、3倍などの整数の倍と同じように、2.5倍、3.5倍などの小数を使って、何倍かを表すことがあります。何倍かを求めるときは、わり算を使うので、式は、□÷□です。

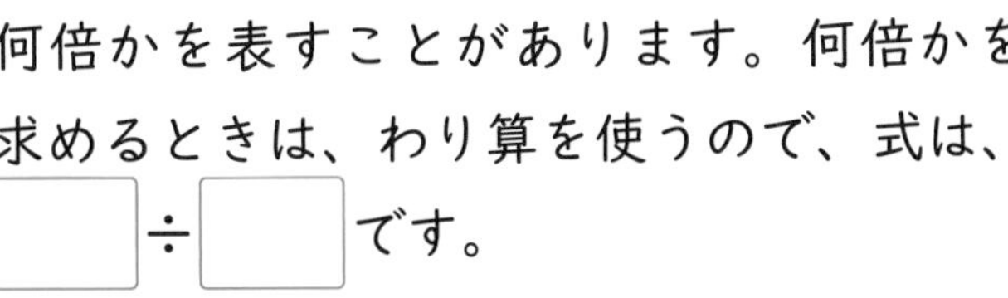

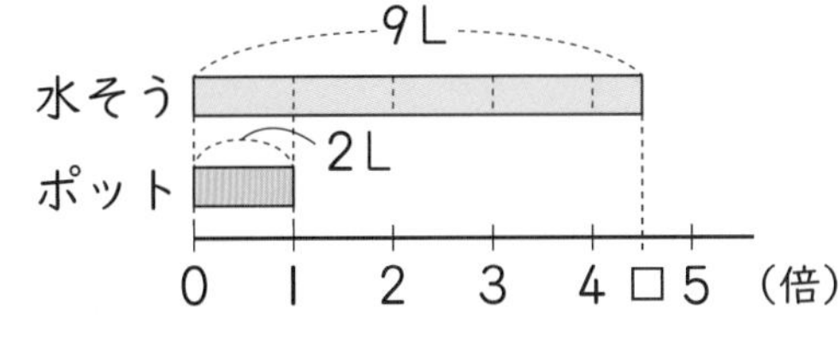

答え □倍

4 犬が5ひき、ねこが12ひきいます。ねこは、犬の何倍いますか。

式

教科書 109ページ1

答え（　　　）

ポイント あまりの小数点のうち方に注意しましょう。答えのたしかめをすると、あまりの大きさにまちがいがないかがわかります。

勉強した日　月　日

教科書 ㊦94～112ページ　答え 19ページ

できた数　/12問中

おわったら シールを はろう

1 小数×整数　次の計算をしましょう。

❶ $\begin{array}{r} 2.4 \\ \times\ \ 7 \\ \hline \end{array}$　❷ $\begin{array}{r} 1.7 \\ \times 65 \\ \hline \end{array}$　❸ $\begin{array}{r} 5.95 \\ \times\ \ \ 2 \\ \hline \end{array}$

2 小数÷整数　わりきれるまで計算しましょう。

❶ $6\overline{)2.7}$　❷ $16\overline{)32.8}$　❸ $15\overline{)18}$

3 あまりのあるわり算　商は一の位(くらい)まで計算して、あまりも求(もと)めましょう。また、答えのたしかめもしましょう。

❶ $3\overline{)8.7}$　❷ $27\overline{)88.1}$

たしかめ（　　　　）　たしかめ（　　　　）

4 小数×整数の文章題　あつさが2.8cmある本を15さつ積(つ)み重ねます。高さは何cmになりますか。

式

答え（　　　　）

5 小数の倍　たての長さが9cm、横の長さが15cmの長方形があります。たての長さは、横の長さの何倍ですか。

式

答え（　　　　）

1 2 小数×整数、小数÷整数

筆算は、けた数がふえても、小数点がないものとして、整数のときと同じしかたで計算します。

積(せき)の小数点は、かけられる数の小数点にそろえてうちます。
商の小数点は、わられる数の小数点にそろえてうちます。

3 あまりのあるわり算

ここでは、答えのたしかめは、
わる数×商＋あまり
→わられる数
でしましょう。

あまりの小数点をわすれないように気をつけよう。

4 小数×整数

積の小数点より右の最後(さいご)の0は消します。

5 小数の倍

小数を使って、何倍かを表すことがあります。

できるナビ　小数のかけ算やわり算の筆算は、整数のときと同じようにして計算できます。積や商の小数点をわすれないように注意しましょう。

勉強した日　月　日

まとめのテスト

教科書 下 94～112ページ　答え 19ページ

時間 20分　とく点 /100点　おわったらシールをはろう

1 よく出る 次の計算をしましょう。 1つ6〔24点〕

❶ 7.2×3　❷ 0.7×45　❸ 0.36×16　❹ 1.35×64

2 よく出る ❶、❷はわりきれるまで計算しましょう。❸、❹は、商を四捨五入して、$\frac{1}{10}$の位までのがい数で求めましょう。 1つ6〔24点〕

❶ $8.4 \div 7$　❷ $23.8 \div 5$　❸ $14 \div 6$　❹ $38 \div 11$

3 5円玉6まいの重さをはかったら、22.5gありました。 1つ6〔24点〕

❶ 5円玉1まいの重さは、何gですか。

式

答え（　　　）

❷ 5円玉15まい分の重さは、何gですか。

式

答え（　　　）

4 4.2Lのスポーツドリンクを12人で等分すると、1人分は何Lになりますか。 1つ7〔14点〕

式

答え（　　　）

5 はるみさんの体重は32kg、妹の体重は20kgです。はるみさんの体重は、妹の体重の何倍ですか。 1つ7〔14点〕

式

答え（　　　）

ふろくの「計算練習ノート」21～24ページをやろう！

勉強した日 月 日

1 直方体と立方体
2 見取図と展開図

きほんのワーク

学習の目標
直方体と立方体のとくちょうや展開図、見取図を理かいしよう。

おわったらシールをはろう

教科書 下 114~120ページ 答え 20ページ

きほん1 直方体や立方体がどんな形かわかりますか。

☆下の表は、直方体や立方体の頂点、辺、面の数について調べたものです。あいているところにあてはまる数をかきましょう。

	頂点	辺	面
直方体	㋐	㋑	㋒
立方体	㋓	㋔	㋕

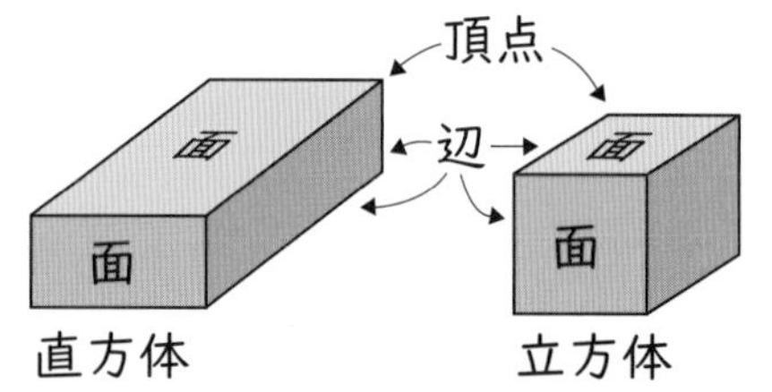

とき方 長方形だけでかこまれた形や、長方形と正方形でかこまれた形を［直方体］といい、正方形だけでかこまれた形を［立方体］といいます。直方体、立方体のどちらも頂点の数は［　］、辺の数は［　］、面の数は［　］で、同じになります。

直方体や立方体の面のように、平らな面のことを「平面」というんだ。

たいせつ
直方体…面の形は長方形、または、長方形と正方形なので、長さの等しい辺が4本ずつ3組あるか、または、長さの等しい辺が4本と8本あります。
立方体…面の形がすべて正方形なので、すべての辺の長さが等しくなっています。

答え 上の表に記入

1 下の図のような直方体には、どんな形の面がそれぞれいくつありますか。 教科書 117ページ2

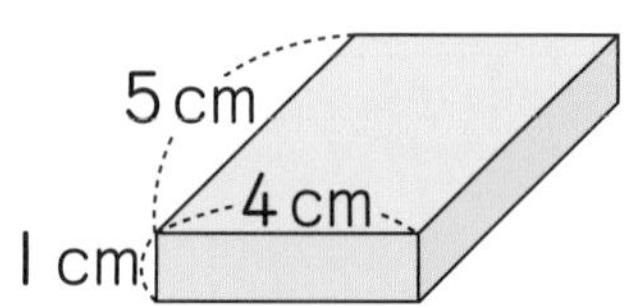

直方体の形は、1つの頂点に集まっている「**たて**」、「**横**」、「**高さ**」の辺の長さで決まるよ。

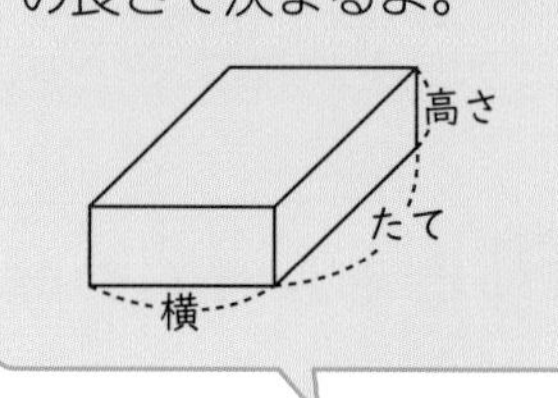

箱やつつのように、平らな面や曲がった面でかこまれた形を「立体」というよ。だから、直方体や立方体は「立体」というんだ。

きほん2 直方体の見取図がかけますか。

☆下の図の続(つづ)きをかいて、直方体の見取図(みとりず)を完成させましょう。

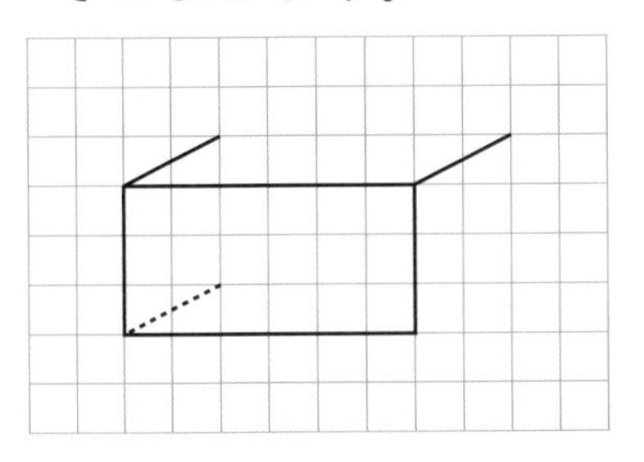

とき方 直方体や立方体などの全体の形がわかるようにかいた図を 見取図 といいます。
見取図のかき方は、次の通りです。
1 正面の長方形か正方形をかく。
2 見えている辺をかく。
3 見えない辺は点線でかく。

答え 左の図に記入

2 右の図は、直方体の見取図をかきかけたものです。見えない辺を点線にして、続きをかきましょう。

教科書 118ページ1

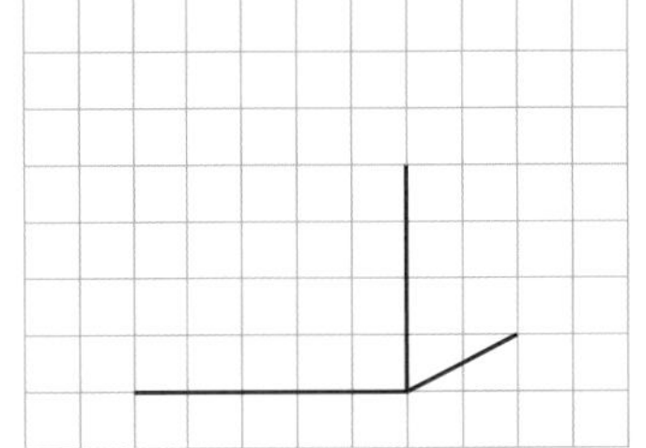

きほん3 展開図をかくことができますか。

☆下の図のような直方体を辺にそって切り開いた形を、右にかきましょう。

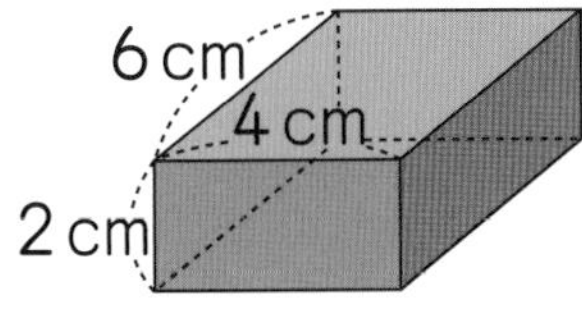

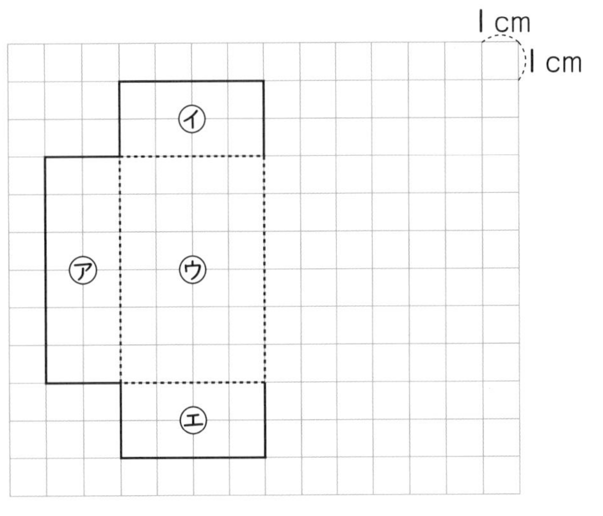

とき方 直方体や立方体などを切り開いて、平面の上に広げてかいた図を 展開図(てんかいず) といいます。切り開く辺によって、いろいろな展開図ができます。

答え 上の図に記入

3 きほん3 の展開図で、面㋑と向かいあう面はどれですか。

教科書 119ページ2

(　　　　)

見取図は、全体の形を見やすくかいた図なので、立体のおよその形がわかります。また、展開図は、その立体がどのような面から組み立てられているのかがわかります。

勉強した日　月　日

3 辺や面の垂直と平行
4 位置の表し方

きほんのワーク

学習の目標
直方体や立方体の面と面や辺と辺、面と辺の関係を理かいしよう。

おわったらシールをはろう

教科書 ㊦121～125ページ　答え 20ページ

きほん 1 直方体や立方体で、面と面や面と辺の関係がわかりますか。

☆右の図の直方体を見て、答えましょう。

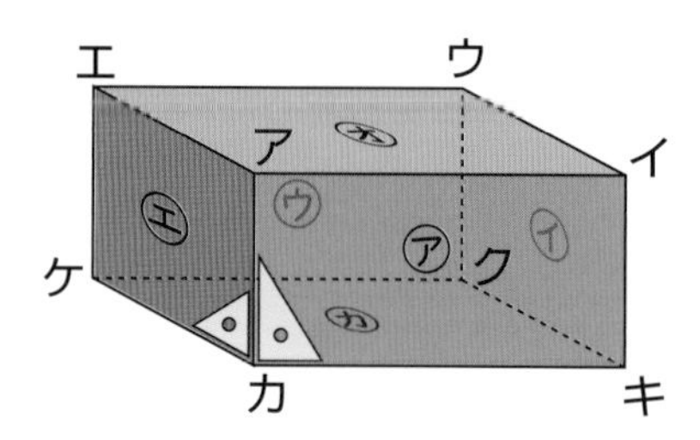

1. 面㋔に垂直（すいちょく）な辺（へん）はどれですか。
2. 面㋔に垂直な面はどれですか。
3. 面㋔に平行な面はどれですか。
4. 面㋔に平行な辺はどれですか。

とき方 辺と面、または、面と面でできた角が直角のとき、垂直であるといいます。直方体や立方体では、となりあった2つの面は、みな垂直です。面㋔に垂直な辺は□つ、面㋔に垂直な面も□つあります。また、直方体や立方体では、向かいあった面と面は平行です。さらに、2つの面が平行なとき、一方の面の上にある直線は、必（かなら）ずもう一方の面と平行になっています。

面㋔に平行な面は、面□だから、面㋔に平行な辺は、面□の上に4つあります。

直方体や立方体では、1つの面に平行な面は1つ、平行な辺は4つあるね。

たいせつ
直方体や立方体では、向かいあった面は平行で、となりあった面は垂直です。

答え
1. 辺□　辺□　辺□　辺□
2. 面□　面□　面□　面□
3. 面□
4. 辺□　辺□　辺□　辺□

1 右の図の直方体を見て、次の辺や面の数を答えましょう。

教科書 121～123ページ

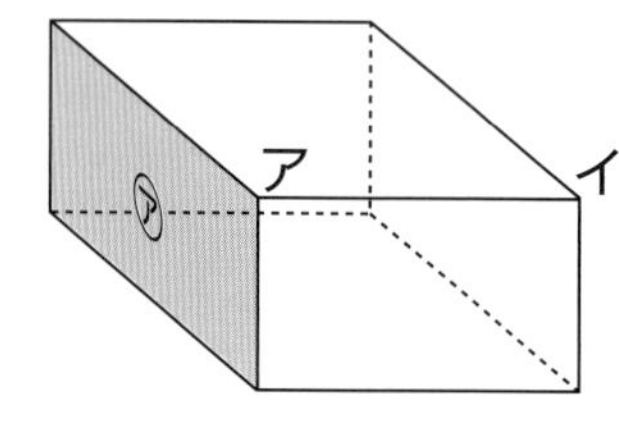

1. 面㋐と垂直な面の数、平行な面の数
   垂直（　　）　平行（　　）
2. 辺アイと垂直な辺の数、平行な辺の数
   垂直（　　）　平行（　　）
3. 辺アイと垂直な面の数（　　）

直方体の1つの辺から見て、平行や垂直にならない辺は「ねじれ」の位置（いち）にあるというんだよ。

きほん2 平面上にある点の位置の表し方がわかりますか。

☆右の図で、点アの位置をもとにすると、点イの位置は、(横 1 cm，たて 2 cm)と表すことができます。点イと同じように、点ウの位置を表しましょう。

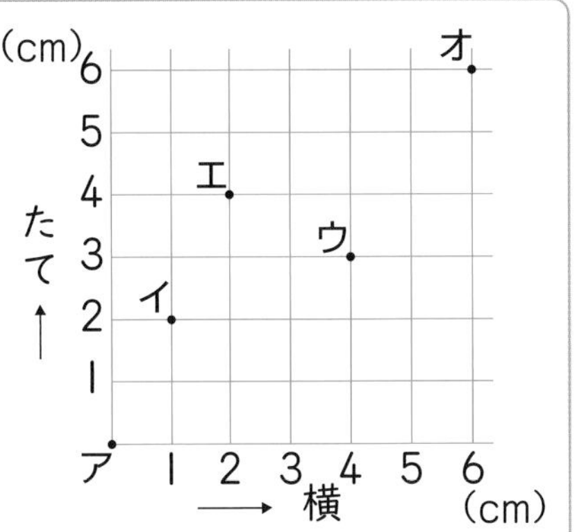

とき方 平面上にある点の位置は、もとになる点からの 2 つの長さの組で表すことができます。点ウは、点アから横に 4 cm、たてに □ cm 進んだところにあります。

答え (横 □ cm，たて □ cm)

2 きほん2 の図で、点イと同じように、点エ、点オの位置を表しましょう。

教科書 124ページ 1

点エ (　　　　) 点オ (　　　　)

きほん3 空間にある点の位置の表し方がわかりますか。

☆右の直方体で、頂点(ちょうてん)アの位置をもとにすると、頂点キの位置は、(横 4 cm，たて 0 cm，高さ 5 cm)と表すことができます。頂点キと同じように、頂点ウの位置を表しましょう。

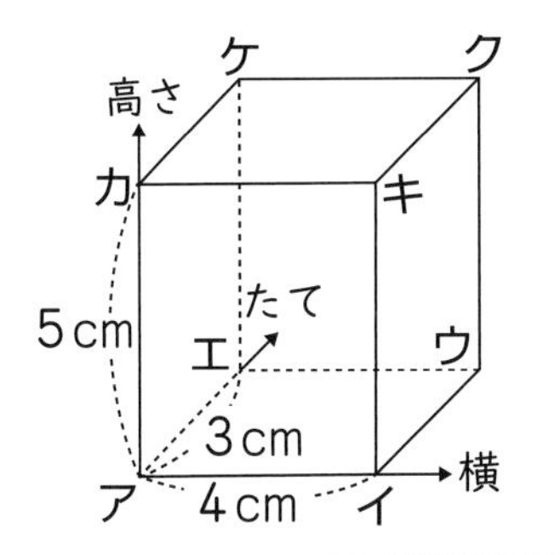

とき方 空間にある点の位置は、もとになる頂点からの 3 つの長さの組で表すことができます。頂点ウは、頂点アから横に 4 cm、たてに □ cm 進んだところ(高さは 0 cm)にあります。

答え (横 □ cm，たて □ cm，高さ □ cm)

3 きほん3 の図で、頂点キと同じように、頂点カ、頂点クの位置を表しましょう。

教科書 125ページ 2

頂点カ (　　　　) 頂点ク (　　　　)

ポイント 平面上にあるものの位置は 2 つの長さの組で、空間にあるものの位置は 3 つの長さの組で表すことができます。

勉強した日　月　日

練習のワーク

教科書 ㊦ 114〜127ページ　答え 20ページ

できた数　/11問中

おわったら シールを はろう

1 直方体と立方体　□にあてはまることばや数をかきましょう。

❶ 正方形だけでかこまれた立体を □ といいます。

❷ 直方体の頂点の数は □ 、辺の数は □ 、面の数は □ です。

2 展開図　右の展開図を組み立てます。

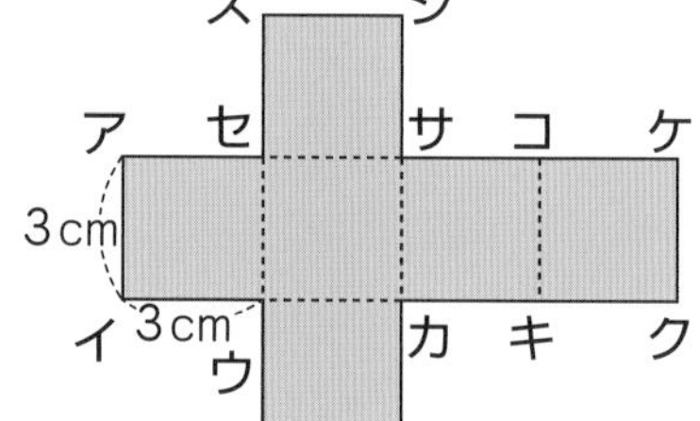

❶ 何という立体ができますか。

(　　)

❷ 点オと重なる点はどれですか。

(　　)

3 辺や面の垂直と平行　下の図の直方体について答えましょう。

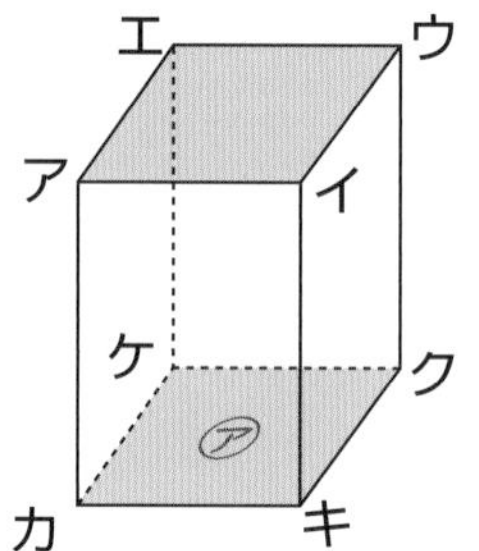

❶ 辺カキと平行な辺を全部かきましょう。

(　　)

❷ 辺アカと垂直な辺を全部かきましょう。

(　　)

❸ 面㋐と平行な辺を全部かきましょう。

(　　)

4 位置の表し方　下の直方体で、頂点アの位置をもとにすると、頂点キの位置は下のように表せます。同じようにして、次の頂点の位置を表しましょう。

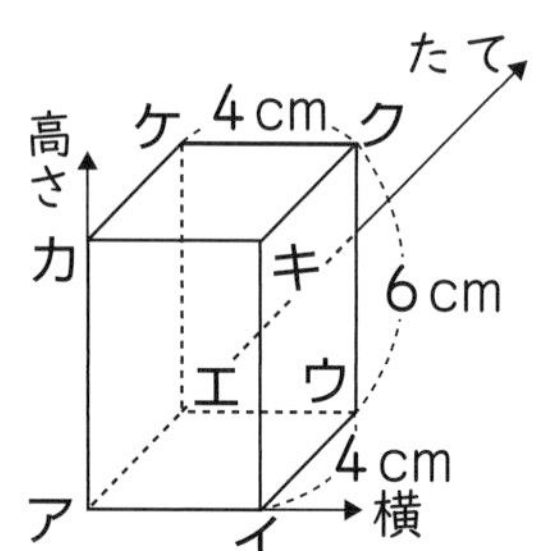

頂点キ (横 4cm，たて 0cm，高さ 6cm)

頂点カ (　　)

頂点ク (　　)

2 問題の展開図を組み立ててできる立方体の見取図は、次のようになります。

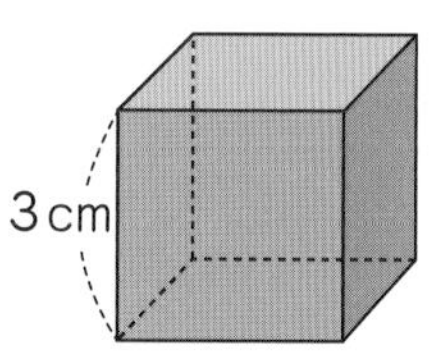

3 辺や面の垂直と平行

たいせつ

直方体や立方体では、**向かいあった面は平行で、となりあった面は垂直**です。

直方体をつくって、位置関係をたしかめてみよう。

4 位置の表し方

空間にある点の位置は３つの長さの組で表すことができます。もとになる点からの横、たて、高さを考えます。

例えば、頂点ウは、頂点アから横に4cm、たてに4cm進んだところ(高さは0cm)にあります。

できるナビ　直方体や立方体の特ちょうを理かいして、見取図や展開図をかけるようになりましょう。

まとめのテスト

教科書 ㊦114〜127ページ　答え 21ページ

1 よく出る 右の図は、たて3cm、横4cm、高さ2cmの直方体の展開図をかきかけたものです。続(つづ)きをかきましょう。〔10点〕

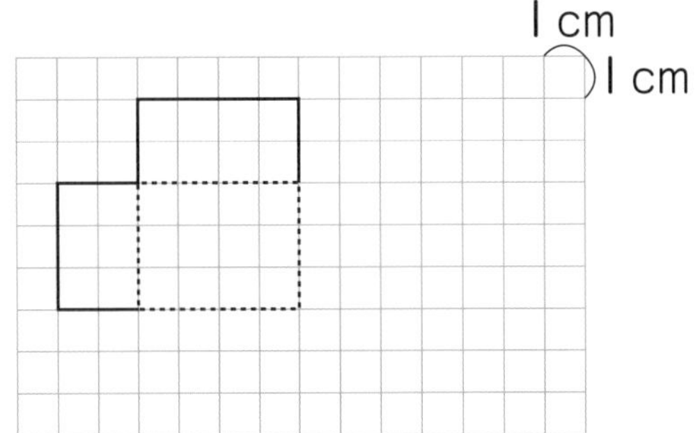

2 右の直方体について答えましょう。　1つ10〔30点〕

❶ 辺アエと平行な辺を全部かきましょう。

(　　　　)

❷ 面㋐と垂直な面を全部かきましょう。

(　　　　)

❸ 面㋕と垂直な辺を全部かきましょう。

(　　　　)

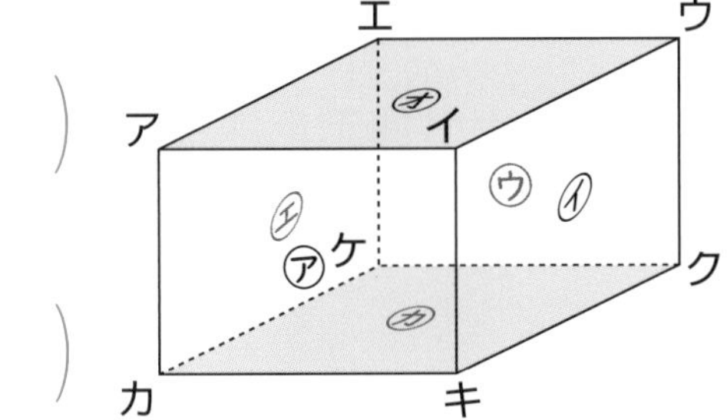

3 5cmの長さのひごが8本、6cmの長さのひごが6本、7cmの長さのひごが4本、8cmの長さのひごが2本と、8このねん土玉があります。ひごはねん土玉でつなぎます。　1つ12〔36点〕

❶ 立方体を1つつくることができますか。

❷ 直方体を1つつくるとき、ねん土玉を何こ使いますか。

(　　　　)

❸ 何種類(しゅるい)の直方体をつくることができますか。

4 右の図は、立方体の積(つ)み木を積んだものです。頂点アの位置をもとにすると、点イの位置は、(横1，たて0，高さ2)と表すことができます。点ウ、エの位置をそれぞれ表しましょう。　1つ12〔24点〕

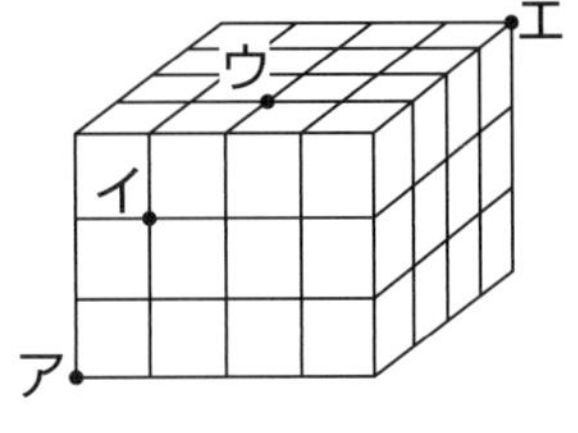

点ウ(　　　　)　点エ(　　　　)

□直方体や立方体のとくちょうや面や辺の垂直・平行の関係がわかったかな？
□空間にある点の位置の表し方がわかったかな？

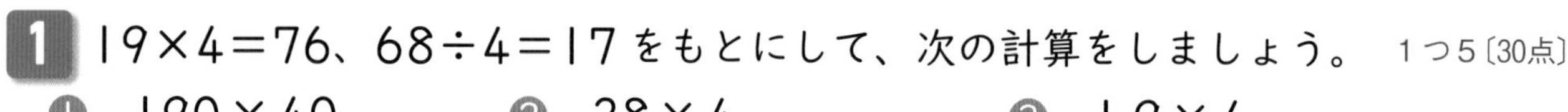

1 19×4＝76、68÷4＝17 をもとにして、次の計算をしましょう。 1つ5〔30点〕

❶ 190×40　❷ 38×4　❸ 1.9×4

❹ 680÷40　❺ 204÷12　❻ 6.8÷4

2 次の数を数字でかきましょう。 1つ5〔10点〕

❶ 百四十七億三千六百二万 (　　　　)

❷ 三十兆四千九百三十万 (　　　　)

3 次の計算をがい数を使って見積もりましょう。 1つ6〔24点〕

❶ 4489＋3809（千の位までのがい数）

(　　　　)

❷ 8501－3499（千の位までのがい数）

(　　　　)

❸ 52×56（上から1けたのがい数）

(　　　　)

❹ 588÷42（上から1けたのがい数）

(　　　　)

4 わり算をしましょう。❹、❺の商は一の位まで計算して、あまりも求めましょう。 1つ6〔36点〕

❶ 160÷4　❷ 85÷5　❸ 416÷8

❹ 97÷23　❺ 108÷24　❻ 952÷28

チェック
□がい数を使った計算が正しくできたかな？
□わり算の筆算が正しくできたかな？

1 次の計算をしましょう。 1つ6〔24点〕

❶ 1.44＋2.38　❷ 4.2＋6.83

❸ 5.38－2.48　❹ 7－3.53

2 次の計算をしましょう。 1つ6〔36点〕

❶ 1.3×6　❷ 4.5×8　❸ 0.24×9

❹ 3.6÷6　❺ 26.6÷7　❻ 7.8÷5

3 下の図の角度をはかりましょう。 1つ5〔20点〕

❶　❷　❸　❹

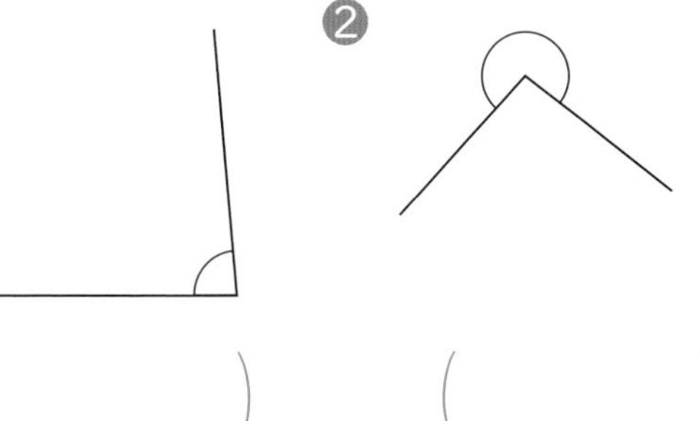

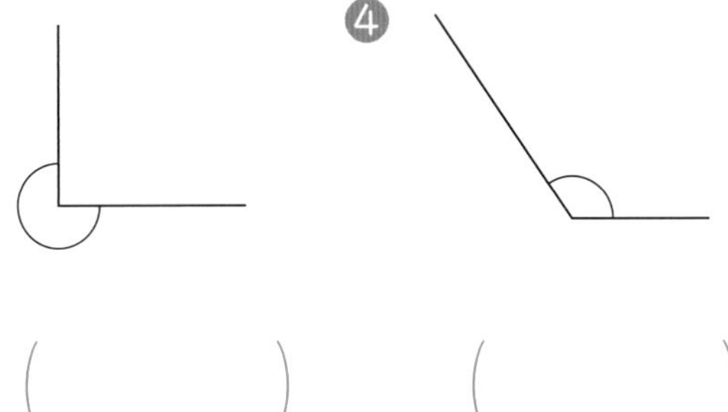

(　　)　(　　)　(　　)　(　　)

4 右の図を見て問題に答えましょう。 1つ5〔20点〕

❶ 平行な直線の組を答えましょう。

(　　)

❷ ㋕、㋖、㋗の角度は何度ですか。

㋕(　　) ㋖(　　) ㋗(　　)

チェック
□小数のたし算、ひき算や小数と整数のかけ算、わり算ができたかな？
□角の大きさがわかり、平行な直線の性質がわかったかな？

勉強した日　月　日

まとめのテスト③

教科書 ㊦136～140ページ　答え 22ページ

時間20分　とく点　/100点　おわったらシールをはろう

1 次の計算をしましょう。　1つ6〔36点〕

❶ $\frac{3}{6}+\frac{7}{6}$　❷ $1\frac{2}{5}+\frac{4}{5}$　❸ $1\frac{2}{4}+2\frac{3}{4}$

❹ $\frac{8}{3}-\frac{5}{3}$　❺ $3\frac{5}{8}-\frac{2}{8}$　❻ $4\frac{7}{9}-3\frac{2}{9}$

2 次の計算をしましょう。　1つ6〔24点〕

❶ (65+35)×24　❷ 702÷(17−8)

❸ 3.8+1.8×3　❹ 89−(16÷2−4)

3 次の色のついたところの面積を求めましょう。　1つ10〔20点〕

❶

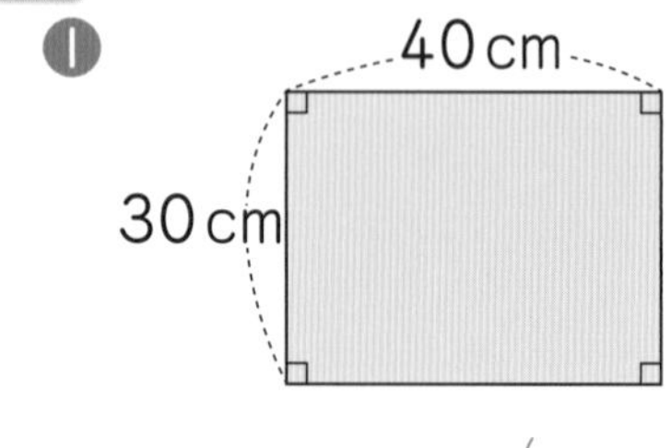

(　　　)

❷

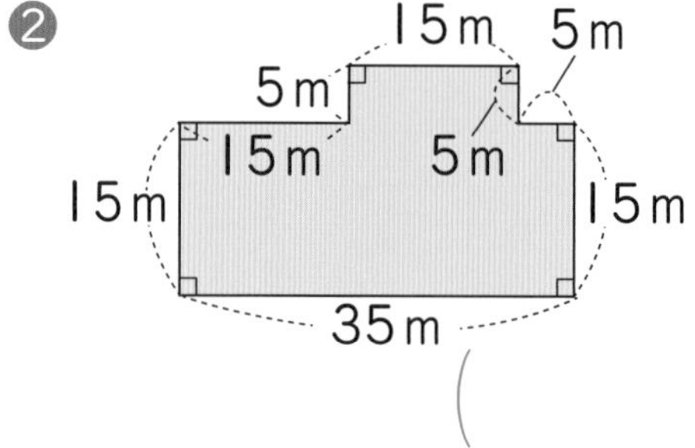

(　　　)

4 下の表は、たかしさんの学校でけがをした人数を調べたものです。これを、右のように折れ線グラフにまとめます。　1つ10〔20点〕

けがをした人数

月	4	5	6	7	8	9	10
けがをした人数(人)	18	㋐	34	24	12	19	17

❶ 表の㋐にあてはまる数はいくつですか。

(　　　)

❷ 右の折れ線グラフの続きをかきましょう。

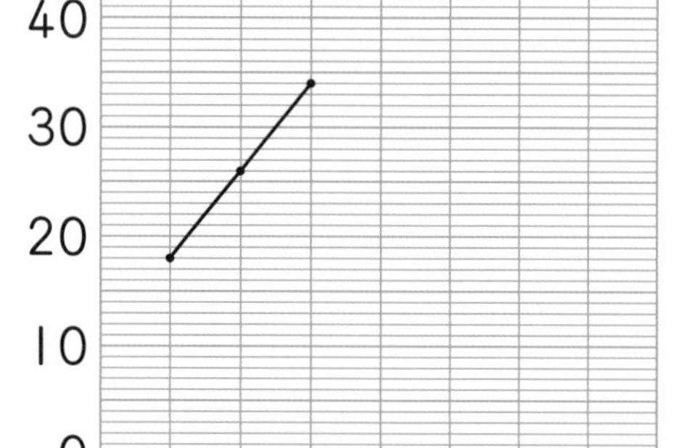

ふろくの「計算練習ノート」28～29ページをやろう！

□分数のたし算、ひき算や計算の順序を考えて計算することができたかな？
□いろいろな形の面積の求め方や折れ線グラフがわかったかな？

⑤ 805÷8　　⑥ 457÷9

(　　　)(　　　)

3 右の折(お)れ線グラフは、4年1組の教室の気温の変(か)わり方を表したものです。　1つ4〔16点〕

教室の気温調べ (5月1日調べ)

(度) 30, 20, 10, 0

8 9 10 11 12 1 2 3 4(時)
(午前)　(午後)

❶ いちばん気温が高いのは、何度で、それは何時ですか。

気温(　　　)　時こく(　　　)

❷ 気温の下がり方がいちばん大きいのは、何時と何時の間ですか。

(　　　)

❸ 気温が変わっていないのは、何時と何時の間ですか。

(　　　)

(　　　)

6 次の計算をしましょう。　1つ5〔30点〕

❶ 1.42＋2.3　　❷ 2.67＋3.23

(　　　)(　　　)

❸ 24.6＋6.38　　❹ 5.37−2.16

(　　　)(　　　)

❺ 3.95−1.78　　❻ 7−0.35

(　　　)(　　　)

3 4年3組の27人について、クロールと平泳ぎができるかできないかを調べました。クロールのできない人は全部で10人、平泳ぎのできる人は全部で16人でした。 1つ5〔15点〕

クロールと平泳ぎ調べ （人）

		平泳ぎ できる	平泳ぎ できない	合計
クロール	できる			
クロール	できない		3	10
合計		16		27

❶ 平泳ぎができて、クロールのできない人は何人ですか。

（　　　）

❷ クロールと平泳ぎのどちらもできる人は何人ですか。

（　　　）

❸ 平泳ぎのできない人は、全部で何人ですか。

（　　　）

上から2けたのがい数（　　　）

6 次の計算をしましょう。 1つ5〔20点〕

❶ 4.67+2.83 （　　　）

❷ 0.51+3.9 （　　　）

❸ 13.83−1.93 （　　　）

❹ 4−0.07 （　　　）

7 重さ480gのかごに、1.8kgのみかんを入れると、全体の重さは何kgになりますか。 1つ5〔10点〕

式

答え（　　　）

●勉強した日　　月　　日

実力判定テスト

夏休みのテスト②

名前　　とく点　　／100点

おわったらシールをはろう

教科書 ㊤11～108ページ　答え 23ページ

1 次の数を数字でかきましょう。　1つ5〔10点〕

❶ 7000億の10倍の数

(　　　　)

❷ 100億を140こ集めた数

(　　　　)

2 わり算をしましょう。　1つ5〔20点〕

❶ 960÷4　　❷ 78÷4

(　　　　)(　　　　)

❸ 762÷3　　❹ 544÷6

4 下の図のような三角形をかきましょう。　1つ5〔10点〕

❶

40°　50°
5cm

❷

90°　4cm
35°

5 248905を四捨五入して、次のがい数にしましょう。　1つ5〔15点〕

一万の位までのがい数(　　　　)

上から1けたのがい数(　　　　)

実力判定テスト

夏休みのテスト①

●勉強した日　月　日

名前　　とく点　／100点

時間 30分

おわったらシールをはろう

教科書 ㊤11～108ページ　答え 23ページ

1 次の数のよみ方を漢字でかきましょう。 1つ4〔8点〕

❶ 6182570947

（　　　　）

❷ 3743111052000

（　　　　）

2 わり算をしましょう。 1つ4〔24点〕

❶ 95÷5　（　　）

❷ 69÷4　（　　）

❸ 87÷7　（　　）

❹ 360÷6　（　　）

4 次の角度は何度ですか。 1つ4〔12点〕

❶ （　　）

❷ （　　）

❸ （　　）

5 四捨五入して、百の位までのがい数にしたとき、4200になる整数のはんいを以上、未満を使って表しましょう。 〔10点〕

ますか。

イ　キ　ウ

(　　　)

❷ ひし形は何こありますか。(　　　)

❸ 台形は何こありますか。(　　　)

3 次の計算をしましょう。　1つ5〔20点〕

❶ $42-63\div7$　(　　　)

❷ $14\times8-(54-28)$　(　　　)

❸ 102×56　(　　　)

❹ 124×25　(　　　)

5 次の計算をしましょう。　1つ5〔20点〕

❶ $\frac{4}{5}+\frac{6}{5}$　(　　　)

❷ $1\frac{3}{4}+3\frac{2}{4}$　(　　　)

❸ $\frac{9}{8}-\frac{5}{8}$　(　　　)

❹ $2\frac{1}{7}-\frac{5}{7}$　(　　　)

6 重さが$\frac{3}{8}$kgの入れものに、さとうを入れたところ、全体の重さは$\frac{11}{8}$kgになりました。入れたさとうの重さは何kgですか。　1つ4〔8点〕

式

答え(　　　)

答え（　　　　　　）

3 次のような直線をかきましょう。　1つ5〔10点〕

❶ 点アを通り、直線㋑に垂直（すいちょく）な直線

❷ 点アを通り、直線㋑に平行な直線

4 右の図で、㋓と㋔の直線、㋕と㋖の直線は、それぞれ平行です。㋐、㋑、㋒の角度は、それぞれ何度ですか。　1つ4〔12点〕

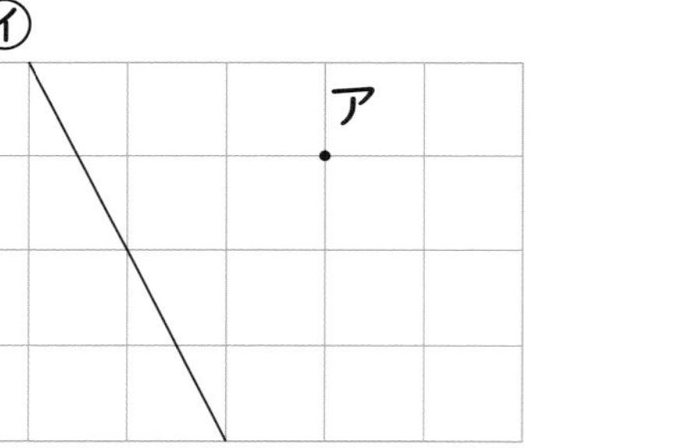

㋐（　　　　）　㋑（　　　　）

㋒（　　　　）

式　1つ4〔12点〕

答え（　　　　、　　　　）

7 次の計算をしましょう。　1つ4〔24点〕

❶ $\frac{2}{9}+\frac{11}{9}$　（　　　　）

❷ $1\frac{3}{7}+3\frac{2}{7}$　（　　　　）

❸ $\frac{4}{8}+2\frac{6}{8}$　（　　　　）

❹ $3\frac{8}{9}-1\frac{3}{9}$　（　　　　）

❺ $3\frac{3}{5}-1\frac{4}{5}$　（　　　　）

❻ $3-\frac{7}{8}$　（　　　　）

●勉強した日　　月　　日

実力判定テスト

冬休みのテスト①

時間30分

名前　　とく点　　/100点

おわったらシールをはろう

教科書　㊤109〜136ページ、㊦5〜76ページ　答え　23ページ

1 わり算をしましょう。　1つ4〔16点〕

❶ 48÷16　　❷ 854÷32

(　　　)(　　　)

❸ 165÷29　　❹ 810÷90

(　　　)(　　　)

2 電柱の高さの8倍が、マンションの高さの64mです。電柱の高さは何mですか。　1つ5〔10点〕

式

5 1こ150円のりんごと1こ200円のなし、30円の箱があります。次の式はどんな買い物をするときの代金を求める式かをかきましょう。また、そのときの代金も求めましょう。　1つ4〔16点〕

❶ 150×4＋30

(　　　)

代金(　　　)

❷ (150＋200＋30)×4

(　　　)

代金(　　　)

6 たてが36m、横が50mの長方形の形をした公園の面積は何m^2ですか。また、何aですか。

●勉強した日　　月　　日

実力判定テスト

冬休みのテスト②

時間 30分

名前　　とく点　　/100点

おわったらシールをはろう

教科書　㊤109〜136ページ、㊦5〜76ページ　答え　23ページ

1 わり算をしましょう。　1つ5〔20点〕

❶ 398÷28　　❷ 623÷43

(　　　)(　　　)

❸ 792÷78　　❹ 6000÷50

(　　　)(　　　)

2 右の図を見て、いろいろな四角形を見つけましょう。　1つ4〔12点〕

❶ 長方形は何こあり

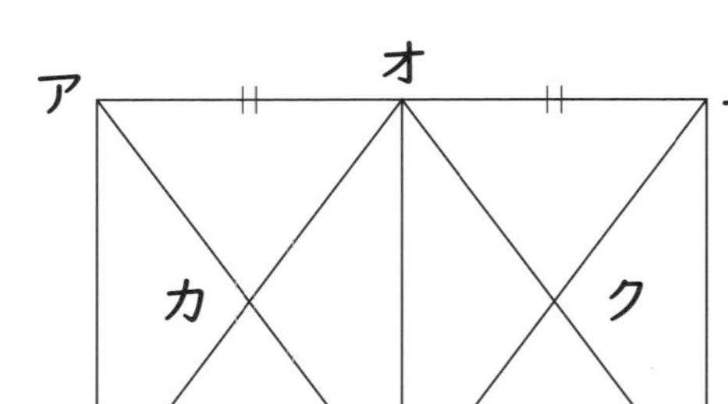

4 次の図形の面積を求めましょう。　1つ5〔20点〕

❶

式

答え(　　　)

❷

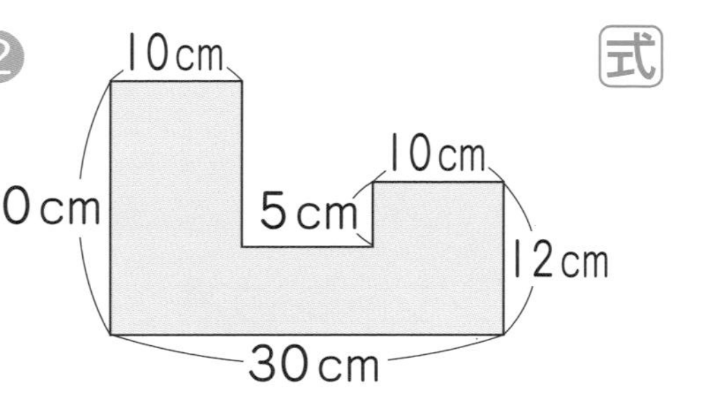

式

答え(　　　)

❶ 3.88+1.45　❷ 0.84+0.36

(　　　)　(　　　)

❸ 6.24−0.98　❹ 9−3.43

(　　　)　(　　　)

3 シールをあきらさんは98まい、ちかさんは35まい持っています。あきらさんが持っているシールのまい数は、ちかさんが持っているシールのまい数の何倍ですか。　1つ5〔10点〕

式

答え(　　　)

4 たて400m、横500mの長方形の形をした牧場（ぼくじょう）の面積（めんせき）は何m^2ですか。また、何haですか。

式　1つ5〔10点〕

答え(　　　、　　　)

(　　　)　(　　　)

❺ 83.2÷32　❻ 4.98÷6

(　　　)　(　　　)

7 右の直方体を見て、答えましょう。　1つ4〔12点〕

❶ 面㋔に平行な面はどれですか。

(　　　)

❷ 頂点（ちょうてん）アを通って、辺（へん）アイに垂直（すいちょく）な辺はどれですか。

(　　　)

❸ 辺アイに平行な辺の数を答えましょう。

(　　　)

❶

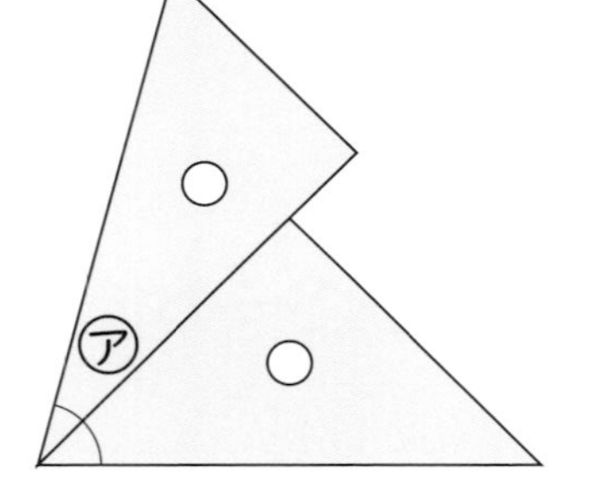

（　　　）

❷

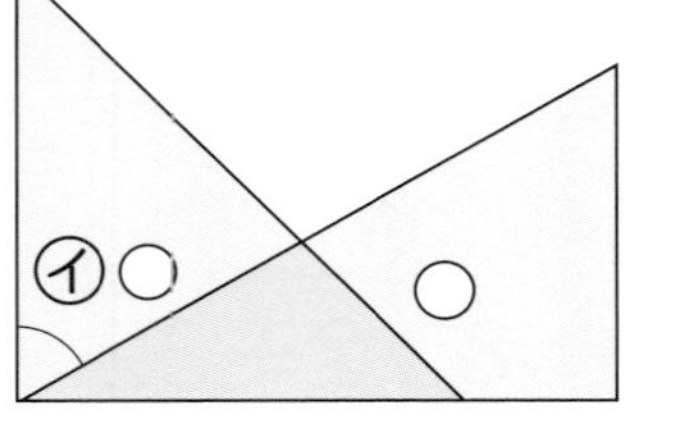

（　　　）

3 下の図のような平行四辺形をかきましょう。〔10点〕

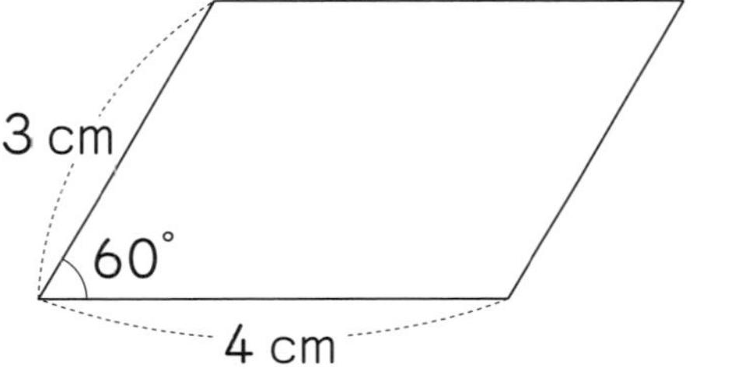

4 四捨五入して百の位までのがい数にして、答えを見積もりましょう。1つ6〔12点〕

❶ 489＋119

（　　　）

❷ 885－287－512

（　　　）

長さが何 cm のときですか。

（　　　）

6 米が 17.5 kg あります。この米を 3 kg ずつふくろにつめると、何ふくろできて何 kg あまりますか。1つ6〔12点〕

式

答え（　　　）

7 たて 2 cm、横 3 cm、高さ 1 cm の直方体の展開図をかきましょう。ただし、1 つの方眼は 1 辺が 1 cm の正方形です。〔15点〕

学年末のテスト②

●勉強した日　月　日

時間30分　名前　とく点　／100点　おわったらシールをはろう

教科書　㊤11～136ページ、㊦5～140ページ　答え　24ページ

1 右の折れ線グラフは、ある町の１年間の気温の変わり方を表したものです。　1つ5〔15点〕

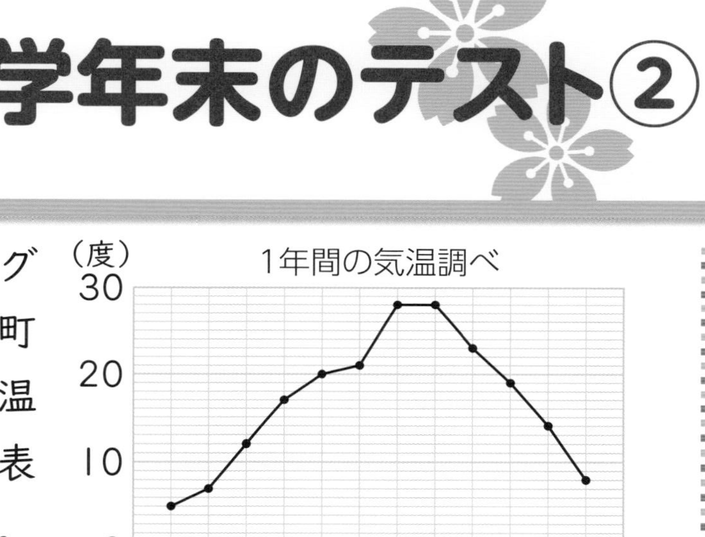

❶ いちばん気温が低いのは何度で、それは何月ですか。

気温（　　　）　月（　　　）

❷ 気温が１度上がっているのは、何月と何月の間ですか。

（　　　）

2 １組の三角定規を組みあわせて下の図のような角をつくりました。㋐、㋑の角度は、それぞれ何度ですか。　1つ6〔12点〕

5 正三角形の１辺の長さと、まわりの長さの関係について調べましょう。　1つ6〔24点〕

❶ １辺の長さが、１cm、２cm、３cm、…とふえていくと、まわりの長さはどのように変わるかを、下の表にまとめましょう。

１辺の長さ　(cm)	1	2	3	4	5
まわりの長さ(cm)					

❷ １辺の長さを□cm、まわりの長さを○cmとして、□と○の関係を式に表しましょう。

（　　　）

❸ １辺の長さが12cmのとき、まわりの長さは何cmですか。

（　　　）

❹ まわりの長さが144cmになるのは１辺の

●勉強した日　　月　　日

実力判定テスト 学年末のテスト①

時間 30分　名前　とく点 ／100点　おわったらシールをはろう

教科書 ㊤11～136ページ、㊦5～140ページ　答え 24ページ

1 0から9までの10まいの数字カードで、下の10けたの数をつくりました。　1つ3〔12点〕

4	2	5	0	3	6	1	8	7	9

❶ いちばん左の数字は何の位(くらい)ですか。

（　　　）

❷ 2は、何が2こあることを表していますか。

（　　　）

❸ この数を四捨五入(ししゃごにゅう)して、上から2けたのがい数と、一万の位までのがい数にしましょう。

上から2けた（　　　）

一万の位（　　　）

2 次の計算をしましょう。　1つ4〔16点〕

5 四捨五入して上から1けたのがい数にして、積(せき)や商を見積(みつ)もりましょう。　1つ5〔10点〕

❶ 493×711

（　　　）

❷ 18963÷387

（　　　）

6 次の計算をしましょう。わり算はわりきれるまで計算しましょう。　1つ5〔30点〕

❶ 4.3×6　（　　　）

❷ 3.14×8　（　　　）

❸ 62.54×40

❹ 14.8÷8

●勉強した日　　月　　日

まるごと 文章題テスト②

時間30分

名前

とく点　　/100点

おわったらシールをはろう

答え 24ページ

いろいろな文章題にチャレンジしよう！

1 276cmのはり金を、1本8cmずつ切り取ると、8cmのはり金は何本できて、何cmあまりますか。

式　　1つ5〔10点〕

答え（　　　　）

2 重さが640gの箱に、3.52kgのりんごを入れると、全体の重さは何kgになりますか。　1つ5〔10点〕

式

答え（　　　　）

3 色紙が735まいあります。けんたさんのクラスの36人で同じ数ずつ分けると、1人分は何まいになって、何まいあまりますか。　1つ5〔10点〕

6 ゆみさんの体重は30kg、弟の体重は24kgです。ゆみさんの体重は、弟の体重の何倍ですか。

式　　1つ5〔10点〕

答え（　　　　）

7 1辺が300mの正方形の形をした公園の面積は何aですか。また、何haですか。　1つ5〔10点〕

式

答え（　　　、　　　）

8 1こ182円のアイスクリームを29こ買います。代金は、およそ何円ですか。四捨五入して上から1けたのがい数にして、答えを見積もりましょう。　〔10点〕

●勉強した日　　月　　日

実力判定テスト

まるごと 文章題テスト①

時間 30分

名前　　とく点　　/100点

おわったらシールをはろう

いろいろな文章題にチャレンジしよう！

答え　24ページ

1 0、2、4、5、9の5この数字を、どれも1回ずつ使ってできる5けたの整数のうち、3番めに小さい数をつくり、数字で答えましょう。〔10点〕

(　　　　)

2 4年生は137人います。6人ずつ長いすにすわっていくと、全員がすわるには、長いすは何きゃくいりますか。

式　　1つ5〔10点〕

答え(　　　　)

3 水がバケツに5.4L、花びんに2.28Lはいっ

5 シールをかいとさんは14まい、さくらさんは42まい持っています。さくらさんが持っているシールのまい数は、かいとさんが持っているシールのまい数の何倍ですか。1つ5〔10点〕

式

答え(　　　　)

6 面積(めんせき)が128m²で、横の長さが16mの長方形の形をした畑があります。たての長さは何mですか。1つ5〔10点〕

式

答え(　　　　)

7 $2\frac{5}{?}$L のジュースがありま

ています。 1つ5〔20点〕

❶ 水は全部で何L ありますか。

式

答え（　　　　）

❷ 水のかさのちがいは何L ですか。

式

答え（　　　　）

4 折り紙が481まいあります。この折り紙を13人で同じ数ずつ分けると、1人分は何まいになりますか。 1つ5〔10点〕

式

答え（　　　　）

す。そこへ$\frac{3}{7}$L のジュースをたすと、ジュースは全部で何L になりますか。 1つ5〔10点〕

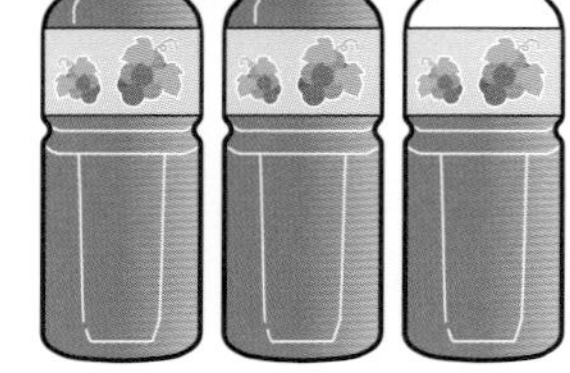

式

答え（　　　　）

8 同じコイン9まいの重さをはかったら、47.7g ありました。 1つ5〔20点〕

❶ このコイン1まいの重さは、何g ですか。

式

答え（　　　　）

❷ 同じコイン16まい分の重さは、何g ですか。

式

答え（　　　　）

式

答え（　　　　　　）

4 長さが40cmのアのゴムをいっぱいまでのばしたら120cmまでのび、長さが20cmのイのゴムをいっぱいまでのばしたら100cmまでのびました。どちらのゴムがよくのびるといえますか。〔10点〕

（　　　　　　）

5 みかさんのたん生日に、1こ670円のケーキと1こ260円のおかしを、それぞれ1こずつ買うことにしました。友だち3人で代金を等分すると、1人分は何円になりますか。（　）を使って、1つの式に表して、答えを求(もと)めましょう。1つ5〔10点〕

（式…　　　　　　答え…　　　　　　）

（　　　　　　）

9 家から図書館までは4kmあります。$\frac{2}{3}$kmは歩き、残(のこ)りは電車に乗ります。電車に乗るのは何kmですか。

式　1つ5〔10点〕

答え（　　　　　　）

10 5.2Lのオレンジジュースを24人で等分すると、1人分はおよそ何Lになりますか。答えは四捨五入して、上から2けたのがい数で求めましょう。1つ5〔10点〕

式

答え（　　　　　　）

12・13 ページ　きほんのワーク

きほん1　6 ➡ 9、3　　答え 69 あまり 3

❶
❶ 39
3)117
9
27
27
0
❷ 77
4)310
28
30
28
2
❸ 67
8)537
48
57
56
1
❹ 77
9)701
63
71
63
8
❺ 86
6)519
48
39
36
3
❻ 89
7)625
56
65
63
2

❷
❶ 62
3)187
18
7
6
1
❷ 81
5)408
40
8
5
3
❸ 71
7)499
49
9
7
2

❸ ❶ 百の位　❷ 十の位　❸ 百の位　❹ 十の位

❹ 式 558÷7=79 あまり 5
答え 79 こできて、5L あまる。

きほん2　20、9、20、9、29　　答え 29

❺ ❶ 49　❷ 17　❸ 26
❹ 16　❺ 290　❻ 120
❼ 71　❽ 23

てびき　❺ ❽ 184 を 160 と 24 に分けて、160÷8 と 24÷8 の商をあわせて考えます。

14 ページ　練習のワーク❶

❶ ❶ 300　❷ 60　❸ 40
❹ 70

❷
❶ 15
5)75
5
25
25
0
❷ 13
6)82
6
22
18
4
❸ 31
3)93
9
3
3
0
❹ 133
7)932
7
23
21
22
21
1
❺ 205
4)820
8
20
20
0
❻ 53
9)482
45
32
27
5

❸ 式 59÷4=14 あまり 3
答え 14 人に配れて、3 まいあまる。

❹ 式 144÷3=48　　答え 48 人

てびき　❷ 商は何の位からたつかを考えて計算しましょう。答えを求めたら、答えのたしかめもしておきましょう。

15 ページ　練習のワーク❷

❶
❶ 26
3)78
6
18
18
0
❷ 14
6)84
6
24
24
0
❸ 128
7)896
7
19
14
56
56
0
❹ 308
3)925
9
25
24
1
❺ 64
8)517
48
37
32
5
❻ 60
5)302
30
2

❷ ❶ 18　❷ 13　❸ 14
❹ 360　❺ 58　❻ 31

❸ 式 80÷6=13 あまり 2
答え 13 束できて、2 本あまる。

❹ 式 940÷4=235　　答え 235g

てびき　❶ 商のたたない位には 0 をかきます。0 をかくのをわすれないようにしましょう。

16 ページ　まとめのテスト❶

1 ❶ 32　❷ 14　❸ 240
❹ 26

2 答え 218 あまり 3
たしかめ 4×218+3=875

3 式 96÷6=16　　答え 16 こ

4 式 157÷9=17 あまり 4
答え 17 本とれて、4cm あまる。

5 式 113÷5=22 あまり 3
22+1=23　　答え 23 きゃく

てびき　2 次の式で答えのたしかめをします。
(わる数)×(商)+(あまり)=(わられる数)
5 答えは、あまりの 3 人がすわる長いすの分を 1 きゃくふやします。

17 ページ　まとめのテスト❷

1
❶ 16
5)80
5
30
30
0
❷ 12
6)72
6
12
12
0
❸ 246
4)984
8
18
16
24
24
0
❹ 205
3)615
6
15
15
0
❺ 54
9)486
45
36
36
0
❻ 73
7)512
49
22
21
1

2 式 384÷3＝128　　答え 128円

3 式 180÷8＝22 あまり 4
　8−4＝4　　答え 4こ

4 ❶
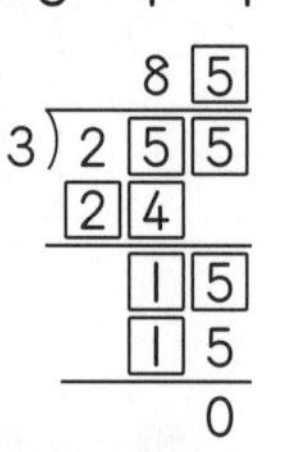

❷
```
      6 8
 7)4 7 6
    4 2
      5 6
      5 6
        0
```

てびき **3** 8人で同じ数ずつ分けると、180÷8＝22 あまり 4 なので、1人分は 22こで、4こあまります。8人いるので、8−4＝4で、あと4こあると、あまりなく分けることができます。
4 ❷ 十の位の商が6なので、42÷6＝7で、わる数が7になることがわかります。
□に数を入れたら、計算をしてたしかめましょう。

③ グラフや表に表そう

18・19ページ きほんのワーク

きほん1 17、1、2、2、21
答え 17、1、2、2、21

❶ ❶ 22度
❷ 午後2時、29度
❸ 午前12時と午後2時の間

きほん2 気温、直線
答え (度) 1年間の気温（毎月1日午前9時調べ）
(30, 20, 10, 0 / 1 2 3 4 5 6 7 8 9 10 11 12 (月))

❷
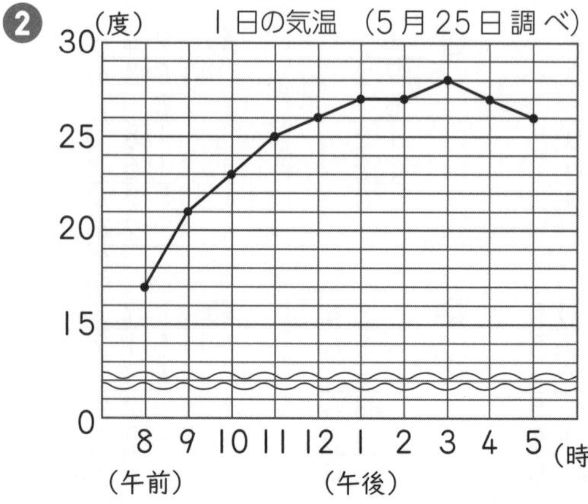

てびき ❶ ❸ 線のかたむきがいちばん急なところが変わり方の大きいところです。
❷ 15度より低い気温のときがないので、〰〰を使って15度までのめもりを省いています。表題もわすれずにかきましょう。

20・21ページ きほんのワーク

きほん1 4、10
答え

けがの種類と場所 (人)

けが＼場所	校庭	教室	ろうか	体育館	合計
すりきず	正一 6	正 5	0	0	11
打ぼく	𠀎 4	0	0	𠀎 4	8
切りきず	丅 2	正一 6	丅 2	0	10
ねんざ	0	0	一 1	丅 2	3
合計	12	11	3	6	32

❶ 2組

けがをした場所とクラス (人)

場所＼クラス	1	2	3	4	合計
校庭	1	6	2	3	12
教室	4	2	2	3	11
ろうか	1	0	2	0	3
体育館	2	2	0	2	6
合計	8	10	6	8	32

きほん2 答え ㋐ 3　㋑ 2　㋒ 5　㋓ 2　㋔ 1
㋕ 3　㋖ 5　㋗ 3　㋘ 8

❷ ❶ ㋐ 16　㋑ 7　㋒ 23　㋓ 3　㋔ 2
㋕ 5　㋖ 19　㋗ 9　㋘ 28
❷ 16人　❸ 7人

22ページ 練習のワーク❶

❶ ❶ たてのじく…気温
横のじく…時こく
❷ 右のグラフ
❸ 午後4時と午後6時の間

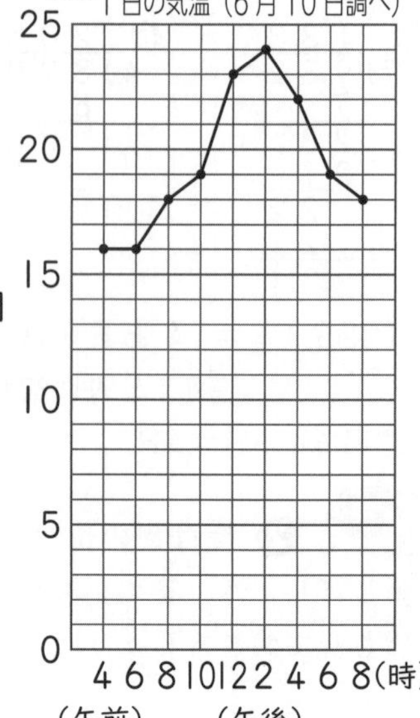

❷ ❶ ㋐16　㋑2　㋒18　㋓10　㋔7
㋕17　㋖26　㋗9　㋘35
❷ 2人

23ページ 練習のワーク❷

❶ ❶ 月…8月　　気温…32度
❷ 月…12月　　降水量…40mm

❷ ❶ かき取りテストの点数（人）

はん＼点数	10点	9点	8点	7点	6点	合計
1ぱん	3	2	5	3	1	14
2はん	4	5	3	3	0	15
合計	7	7	8	6	1	29

❷ 8点

てびき ❶ 折れ線グラフとぼうグラフが1つになったグラフです。左のたてのじくと折れ線グラフが気温、右のたてのじくとぼうグラフが降水量を表しています。
グラフをよむとき、1めもりが表す大きさは、気温と降水量でちがうことに注意しましょう。
❷ 表にまとめるときは、たてと横の合計もだして、もれや重なりがないようにたしかめをしましょう。

24ページ まとめのテスト❶

1 ㋐、㋒

2

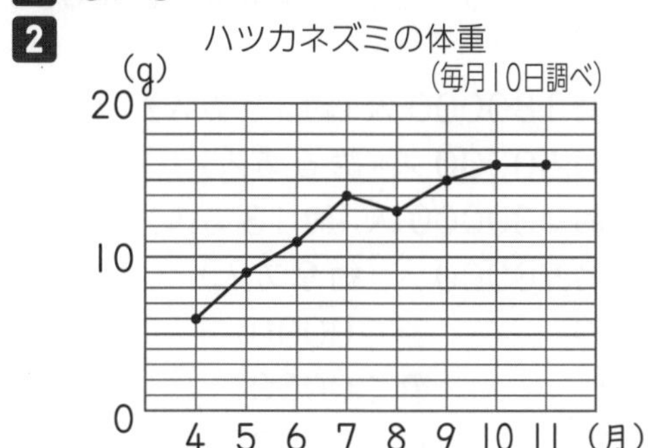

3 ❶ ㋐3　㋑4　㋒7　㋓2　㋔1
㋕3　㋖5　㋗5　㋘10
❷ ふみやさん

てびき **1** ㋓は、いろいろな場所の気温なので、折れ線グラフにはあいません。㋑や㋔は、ぼうグラフにするとくらべやすくなります。
3 伝記と科学読み物の好き(○)、きらい(△)によって、○○、○△、△○、△△の4つのグループに分けられます。
❷ 上の表の9の人は、伝記も科学読み物もきらいな人なので、右の表の㋔にはいる人で、どちらもきらい(△△)の人です。

25ページ まとめのテスト❷

1 ❶ 20度
❷ 月…1月　　気温…5度
❸ 最低気温

2 ❶ 組別と住んでいる町調べ　（人）

組＼町	北町	大山町	上林町	西川町	合計
1組	3	1	3	4	11
2組	3	3	2	1	9
合計	6	4	5	5	20

❷ 1組の、西川町に住んでいる人

てびき **1** 2つの折れ線グラフをよみとります。
❷ 間がいちばんあいている月をさがします。
❸ 最低気温のほうが、かたむきが急になっているので、変わり方が大きいといえます。
2 表にまとめるとき、数えたものに印をつけるなどして、もれがないようにしましょう。
また、たてと横の合計が同じになるか、たしかめておきましょう。

④ 角の大きさをはかろう

26・27ページ きほんのワーク

きほん1 2、4　　答え ㋑
❶ ㋐、㋓
きほん2 分度器　　答え 60
❷ ❶ 75°　❷ 140°
きほん3 50、50、130、130　　答え 230
❸ ❶ 200°　❷ 300°　❸ 345°
きほん4 125　　答え 55
❹ ㋑125°　㋒55°

28・29ページ きほんのワーク

きほん1 答え 45、180、60、30、120
❶ ㋐150°　㋑135°　㋒90°
㋓15°　㋔105°　㋕150°
きほん2 答え

ア　イ

❷ ❶　❷

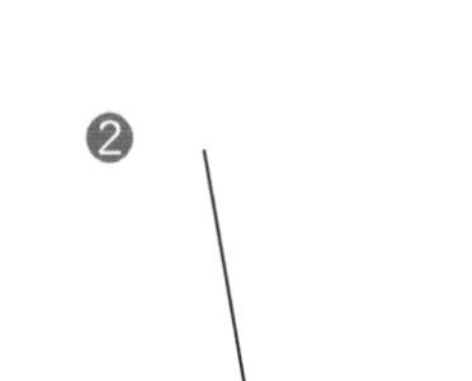

❸

 答え

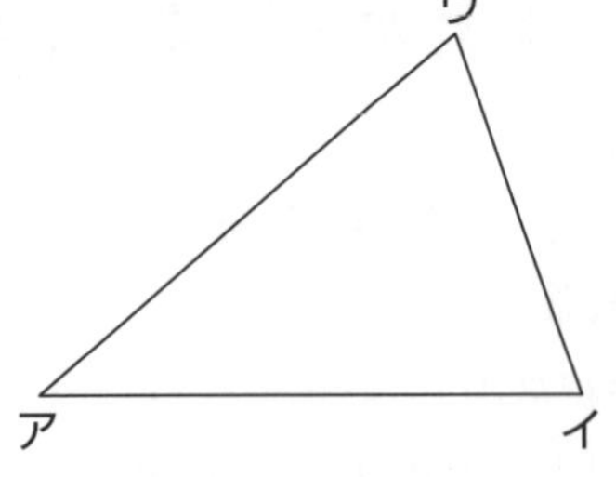

❸ ❶

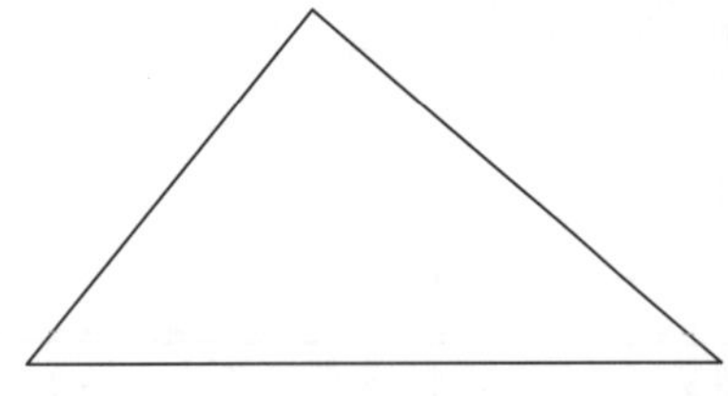

❷

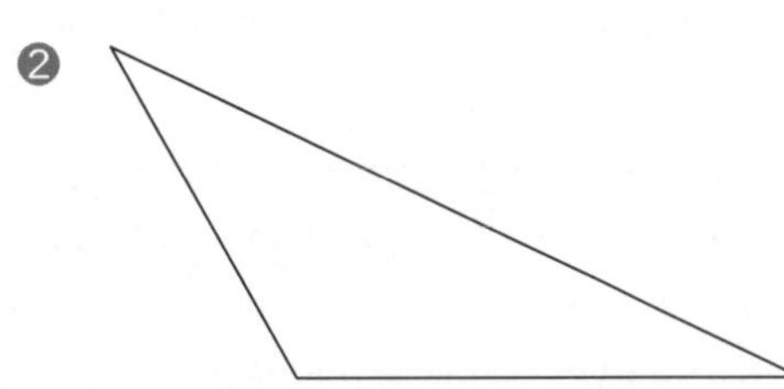

てびき ❷ ❸ 180° より大きい角をかくには、180° より何度大きいのか、または、360° より何度小さいのかを考えます。

30 ページ 練習のワーク

❶ ❶ 1　❷ 270　❸ 360、4
❹ 180、2　❺ 1

❷ ㋐ 130°　㋑ 50°　㋒ 130°

❸ ❶　❷

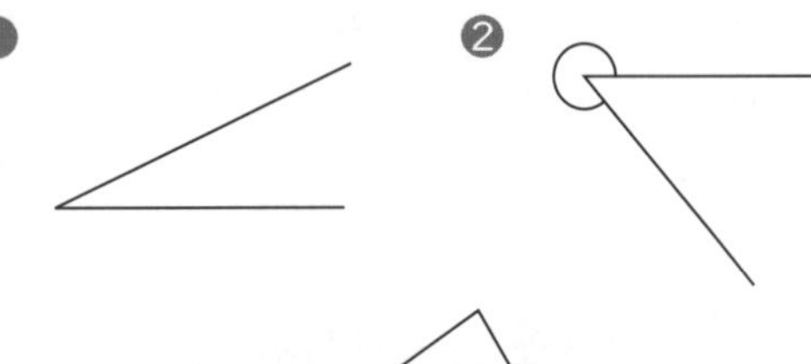

❹

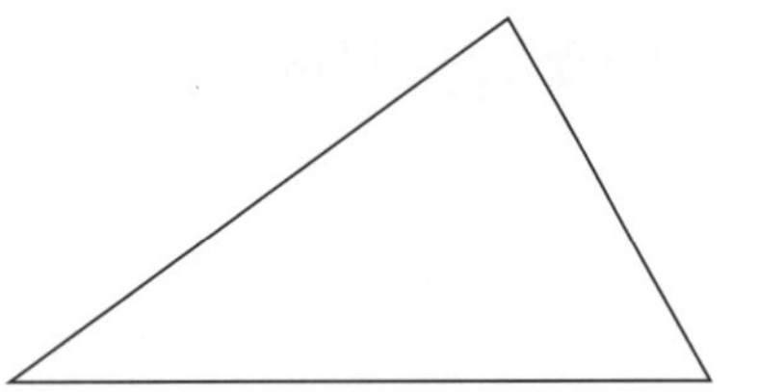

てびき ❷ ㋐ 180° − 50° = 130°
㋑ 180° − 130° = 50°
㋒ 180° − 50° = 130°
2つの直線が交わるとき、向かいあった角の大きさは等しくなります。
❸ ❷ 310° は、180° より 130° 大きい角、または、360° より 50° 小さい角と考えて角をかきます。

31 ページ まとめのテスト

1 ❶ 55°　❷ 350°

2 ❶　❷

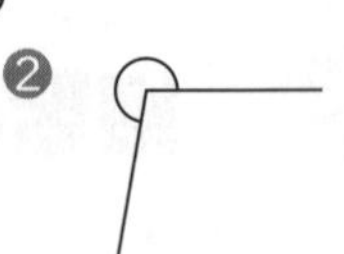

3 ㋐ 120°　㋑ 60°　㋒ 70°

4 ㋐ 75°　㋑ 60°

5

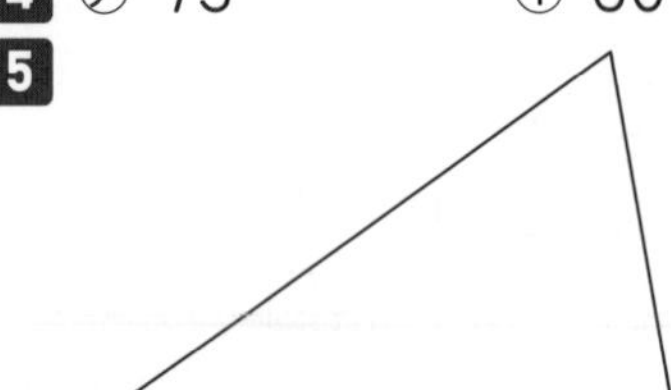

てびき 3 ㋒ 180° − 70° − 40° = 70°
4 ㋐ 45° + 30° = 75°
㋑ 90° − 30° = 60°

⑤ およその数で表そう

32・33 ページ きほんのワーク

きほん1 20000、30000　答え 2、3

❶ ❶ ㋐ 4万　㋓ 5万
❷ ㋐ 約4万　㋑ 約4万　㋒ 約5万
㋓ 約5万　㋔ 約5万

きほん2 四捨五入、6、3　答え 284000、280000

❷ ❶ 千の位
❷ 東市…約 180000 人（約 18 万人）
西市…約 60000 人（約 6 万人）
南市…約 130000 人（約 13 万人）
北市…約 90000 人（約 9 万人）

❸ ❶ 260000　❷ 20000
❸ 46000　❹ 30000

❹ ❶ 740000　❷ 650000
❸ 31000　❹ 900000

てびき ❶ ❷ 41500、43920 は 4 万に近い数で、45550、47260、48700 は 5 万に近い数です。
❷ 求める一万の位の、すぐ下の千の位を見て、何万に近いかを考えます。
❸ （　）の中の位までのがい数にするので、（　）の中の位のすぐ下の位の数字を四捨五入します。
❹ 上から 2 けたのがい数にするときは、上から 3 けためを四捨五入します。

34・35ページ きほんのワーク

きほん1 205、214　　答え 205、214

❶ 2750 以上 2850 未満

❷ ❶ 5、6、7、8、9　❷ 4

❸ あ、う、お

きほん2 10、740、490、200、560

答え

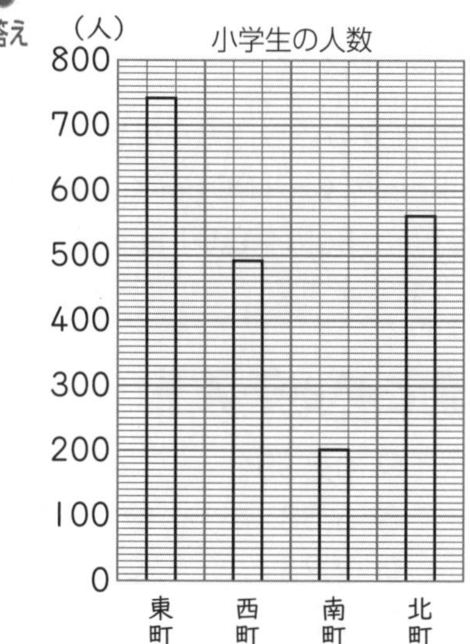

❹ ❶ ㋐ 1500　㋑ 4400　㋒ 2300
㋓ 2000

❷

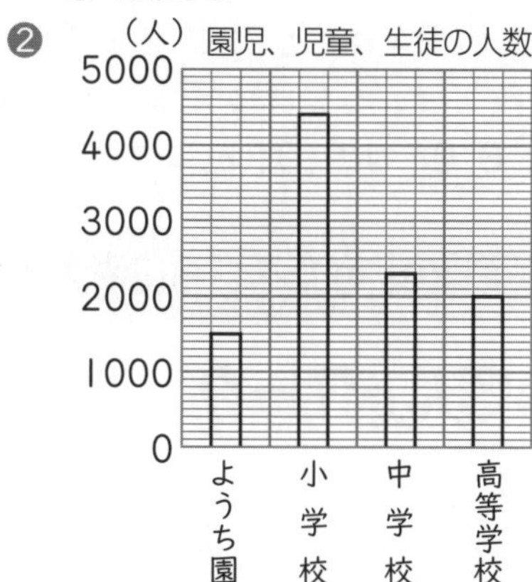

てびき ❶ その数をふくまない「未満」を使って表します。

❷ ❶ 百の位の数字が 4 なので、切り上げて 7500 になるときを考えます。十の位の数字が 5、6、7、8、9 であれば切り上げます。
❷ 十の位の数字が 6 だから切り上げるので、百の位は 4 に決まります。

❸ 千の位で四捨五入して 230000 になるのは、225000 以上 235000 未満の数です。

❹ たてのじくの 1 めもりの大きさは 100 人です。

36ページ 練習のワーク

❶ い、う

❷ ❶ 17000　❷ 360000
❸ 760000　❹ 800000

❸ 7050 以上　7150 未満

❹ ❶ 9cm　❷ 11cm

てびき ❶ あやえは、がい数では表しません。

❸ 十の位の数字が 0 から 4 のときは切り捨てるので、いちばん大きい数の百の位は 1、十の位は 4 です。十の位の数字が 5 から 9 のときは切り上げるので、いちばん小さい数の百の位は 0、十の位は 5 です。

たしかめよう!

❶ がい数で表してよいものは、
・くわしい数がわかっていても、目的におうじて、およその数で表せばよいとき。
・グラフ用紙のめもりの関係で、くわしい数をそのまま使えないとき。
・ある時点の人口など、くわしい数をつきとめるのがむずかしいとき。
などです。

37ページ まとめのテスト

1 あ、い、え、か

2 ❶ 1400　❷ 210000　❸ 95000
❹ 200000

3 150 以上 249 以下

4 ❶ ㋐ 3100　㋑ 6600　㋒ 4800
㋓ 5400

❷

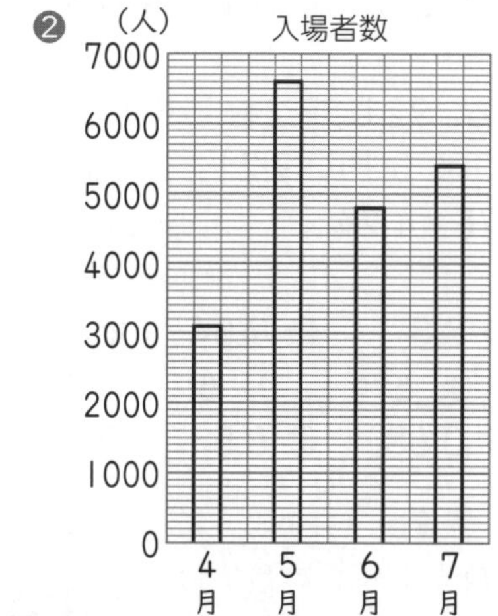

てびき 2 上から 3 けためＡの数を四捨五入してがい数にします。

3 250 はいらないので、「250 以下」としないように気をつけましょう。

⑥ 小数のしくみを考えよう

38・39 ページ きほんのワーク

きほん1 4、0.4、3、0.03、1.43　答え 1.43

❶ 3.47 L

❷ 1.75 m

きほん2 0.02、0.006、3.426　答え 3.426

❸ ❶ 4.653 km　❷ 1.865 kg　❸ 0.39 kg

きほん3 6、3、7、5　答え 6、3、7、5

❹ ❶ $\frac{1}{100}$ の位　❷ 468

❺ ❶ ＞　❷ ＜　❸ ＜

❻ 10倍した数…8.5　$\frac{1}{10}$ にした数…0.085

てびき ❶ ❶ 1 L が 3 こ分の 3 L と、0.1 L が 4 こ分の 0.4 L と、0.01 L が 7 こ分の 0.07 L で、3.47 L になります。
❸ ❷ 1 kg＝1000 g なので、100 g＝0.1 kg、10 g＝0.01 kg、1 g＝0.001 kg です。
1865 g は、1000 g と 800 g と 60 g と 5 g をあわせた重さなので、
1＋0.8＋0.06＋0.005＝1.865 です。
❹ 4.68 は、1 を 4 こ、0.1 を 6 こ、0.01 を 8 こあわせた数です。

40・41 ページ きほんのワーク

ふくしゅう ❶ 0.9　❷ 2.3　❸ 0.7　❹ 0.6

きほん1 7.86
135、786、921、9.21
0.05、0.06、0.11、9.21　答え 9.21

❶ 式 1.46＋2.78＝4.24　答え 4.24 L

きほん2 4、2、5　答え 4.25

❷ ❶ 7.22　❷ 8.3　❸ 9.54　❹ 5.51

きほん3 0.85　1、0、6 ➡ 1、0、6　答え 1.06

❸ ❶ 1.51　❷ 0.68　❸ 6.5　❹ 1.71

てびき ❷ ❷ 筆算は、右のようになります。小数点より右の最後の 0 を消して、答えは 8.3 とします。

```
  7.32
+ 0.98
  8.30
```

❸ 2.7 は 2.70 と考えて、筆算では小数点の位置をそろえてかいて計算します。

```
  6.84
+ 2.70
  9.54
```

❹ 2 は 2.00 と考えて計算します。

❸ ❹ 5 は 5.00 と考えて、筆算では右のように小数点の位置をそろえてかいて計算します。

```
  5.00
- 3.29
  1.71
```

42 ページ 練習のワーク

❶ ❶ 2.6 m　❷ 2.78 m

❷ ❶ ＜　❷ ＞

❸ ❶ 9.44　❷ 3.73　❸ 7.46
❹ 2.82　❺ 2.8　❻ 0.77

❹ 式 1.32＋5.68＝7　答え 7 m

❺ 式 1－0.758＝0.242　答え 0.242 kg

てびき ❶ 数直線のいちばん小さい 1 めもりの大きさは 1 cm です。100 cm＝1 m より、10 cm＝0.1 m、1 cm＝0.01 m を使って、m の単位になおします。

43 ページ まとめのテスト

1 ❶ 1.92　❷ 0.835

2 ❶ 5.3　❷ 6.58　❸ 6.97
❹ 1.34　❺ 2.98　❻ 2.55

3 ❶ 2.84　❷ 743

4 ❶ 5、2、4　❷ 524

5 式 1.35＋0.76＝2.11　答え 2.11 L

てびき 4 ❶ 5.24 は、5 と 0.2 と 0.04 をあわせた数です。5 は 1 が 5 こ、0.2 は 0.1 が 2 こ、0.04 は 0.01 が 4 こです。

⑦ わり算の筆算のしかたをさらに考えよう

44・45 ページ きほんのワーク

きほん1 ÷、20、3　答え 3

❶ ❶ 2　❷ 3　❸ 8

きほん2 30　答え 3 あまり 30

❷ ❶ 4 あまり 30　❷ 9 あまり 40
❸ 5 あまり 10　❹ 8 あまり 60
❺ 4 あまり 10　❻ 2 あまり 10

きほん3 4 ➡ 8、8 ➡ 5　答え 4 あまり 5

❸ ❶

```
     4
21)89
   84
    5
```

❷

```
     2
43)90
   86
    4
```

❸

```
     2
37)75
   74
    1
```

たしかめ 21×4＋5＝89　たしかめ 43×2＋4＝90　たしかめ 37×2＋1＝75

きほん4 9、2、1、6　答え 3 あまり 16

❹ ❶

```
     3
24)85
   72
   13
```

❷

```
     6
13)81
   78
    3
```

❸

```
     4
14)62
   56
    6
```

❹

```
     2
29)81
   58
   23
```

たしかめよう!

❸ わり算の答えのたしかめは、
(わる数)×(商)+(あまり)=(わられる数)
で計算します。

46・47ページ　きほんのワーク

きほん1　÷　43　40
8、3、4、4、2、1　答え 8、21

❶ ① 74)428 商 5、370、58　② 54)310 商 5、270、40　③ 38)236 商 6、228、8

きほん2　6、1、2、1、1　答え 9 あまり 11

❷ ① 47)438 商 9、423、15　② 56)540 商 9、504、36　③ 29)253 商 8、232、21

きほん3　1、8、4　答え 4 あまり 1

❸ ① 17)55 商 3、51、4　② 15)84 商 5、75、9　③ 16)75 商 4、64、11　④ 27)89 商 3、81、8

❹ 式 67÷15=4 あまり 7
答え 4 まいになって、7 まいあまる。

てびき　❷ ① 438 は 47 の 10 倍より小さいので、十の位に商はたちません。

48・49ページ　きほんのワーク

きほん1　1、1、3 ➡ 5、9　答え 15 あまり 9

❶ ① 36)462 商 12、36、102、72、30　② 29)928 商 32、87、58、58、0　③ 17)500 商 29、34、160、153、7

きほん2　1 ➡ 0、4、7 ➡ 4、7
答え 10 あまり 47

❷ ① 23)690 商 30、69、0　② 39)795 商 20、78、15　③ 17)862 商 50、85、12

きほん3　3　答え 3

❸ ① 7　② 6　③ 16　④ 30　⑤ 40　⑥ 23

きほん4　0　答え 4 あまり 400

❹ ① 14 あまり 200
② 16 あまり 100
③ 23 あまり 100

てびき　❷ 商の一の位の 0 をわすれないように注意しましょう。

❸ わられる数とわる数を同じ数でわってから計算しても、わられる数とわる数に同じ数をかけてから計算しても商は同じになります。
❹ あまりに消した 0 の数だけ 0 をつけるのをわすれないようにしましょう。

① 600)8600 商 14、6、26、24、2　② 400)6500 商 16、4、25、24、1　③ 300)7000 商 23、6、10、9、1

50ページ　練習のワーク❶

❶ ① 2　② 8 あまり 50

❷ ① 32)96 商 3、96、0　② 24)71 商 2、48、23　③ 25)68 商 2、50、18
④ 39)156 商 4、156、0　⑤ 46)243 商 5、230、13　⑥ 78)703 商 9、702、1

❸ ① 25)329 商 13、25、79、75、4　② 47)935 商 19、47、465、423、42　③ 33)670 商 20、66、10
④ 26)794 商 30、78、14

❹ 式 485÷23=21 あまり 2
答え 21 まいになって、2 まいあまる。

❺ ① 6　② 24

51ページ　練習のワーク❷

❶ ① 一の位　② 一の位　③ 十の位

❷ ① 8　② 25)75 商 3、75、0　③ 18)95 商 5、90、5
④ 64)512 商 8、512、0　⑤ 42)378 商 9、378、0　⑥ 56)923 商 16、56、363、336、27

❸ 式 72÷13=5 あまり 7
答え 5 人に配れて、7 本あまる。

❹ 式 385÷45=8 あまり 25
8+1=9　答え 9 台

てびき　❹ 385÷45=8 あまり 25 で、トラックは 8 台で、荷物が 25 こあまります。この 25 こを運ぶのにもう 1 台トラックがいるので、全部で 9 台になります。

52 ページ　まとめのテスト①

1 ❶ 2　❷ 3
❸ 6　❹ 7 あまり 20
❺ 13　❻ 47 あまり 4

2 926÷24=38 あまり 14

3 式 65÷13=5　答え 5 つ

4 式 950÷65=14 あまり 40
答え 14 本買えて、40 円あまる。

5 ❶ 800、8　❷ 120、24

てびき

1
```
❶      2      ❷      3      ❸       6
  39)78         27)81         83)498
     78            81            498
      0             0              0

❹       7     ❺      13     ❻      47
  46)342        57)741        18)850
     322           57            72
      20           171           130
                   171           126
                     0             4
```

2 ●÷■=▲あまり★の答えをたしかめる式は、■×▲+★=●です。
この問題では■は 24、▲は 38、★は 14、●は 926 なので、
もとのわり算の式は、
926÷24=38 あまり 14 です。

5 わり算のきまりを使って計算します。
❶ わられる数とわる数に 4 をかけて、わる数を 100 にして計算します。
❷ わられる数とわる数を 7 でわって、わる数を小さくして計算します。

53 ページ　まとめのテスト②

1 ❶ 3 あまり 8　❷ 2 あまり 24
❸ 6　❹ 8 あまり 28
❺ 41 あまり 3　❻ 24 あまり 2

2 式 25×5+5=130
130÷30=4 あまり 10　答え 4 あまり 10

3 式 300÷36=8 あまり 12
答え 8 まいになって、12 まいあまる。

4 式 208÷55=3 あまり 43
3+1=4　答え 4 台

5 0、1、2、3

てびき

1
```
❶      3      ❷      2      ❸       6
  16)56         28)80         46)276
     48            56            276
      8            24              0

❹       8     ❺      41     ❻      24
  42)364        21)864        29)698
     336           84            58
      28            24           118
                    21           116
                     3             2
```

2 ある数はわられる数なので、(わる数)×(商)+(あまり)の式にあてはめて求めます。ある数は、25×5+5=130 です。この数を 30 でわります。

⑧ 倍で大きさをくらべよう

54・55 ページ　きほんのワーク

きほん1 わり、÷、4、4　答え 4

❶ 式 126÷18=7　答え 7 倍

きほん2 3、84、÷、28　答え 28

❷ 式 256÷8=32　答え 32 ページ

きほん3 ㋐のゴム…3、3　㋑のゴム…2、2
答え ㋐

❸ 式 600÷200=3
800÷400=2　答え ㋐のおかし

てびき ❷ 絵本のページ数を□ページとすると、□×8=256 と表せます。
□にあてはまる数は、256÷8=32 となります。
❸ 何倍にあたるかを表した数を割合といいます。この割合を使ってねだんをくらべると、㋐のおかしは、600÷200=3 で 3 倍、㋑のおかしは、800÷400=2 で 2 倍になっています。

56 ページ　練習のワーク

❶ 式 87÷29=3　答え 3 倍

❷ 式 80×3=240　答え 240 本

❸ 式 56÷4=14　答え 14 まい

❹ 式 80÷20=4
90÷30=3　答え ㋐のゴム

てびき ❹ もとの長さに対して、のばした長さの割合でくらべます。㋐のゴムは 4 倍にのびて、㋑のゴムは 3 倍にのびるので、㋐のゴムのほうがよくのびるといえます。

57 ページ　まとめのテスト

1 式 78÷13=6　答え 6 倍

2 式 360÷90=4　答え 4

3 式 27×3=81　答え 81 ぴき

4 式 750÷5=150　答え 150 円

5 式 150÷50=3
200÷100=2　答え S サイズ

てびき **1** □倍とすると、13×□=78 です。
□にあてはまる数は、78÷13=6 となります。

⑨ そろばんで計算しよう

58・59ページ きほんのワーク

きほん1 1、2、6、0、601256207、1、2、5.12　答え 601256207、5.12

❶ ❶ 182693047　❷ 2.59　❸ 1.374

❷ ❶

❷

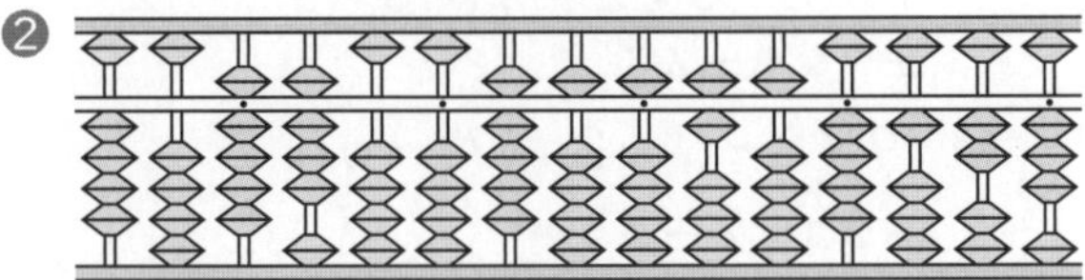

❸

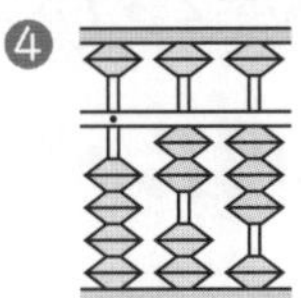

❹

きほん2 答え 442、234

❸ ❶ 840　❷ 90億　❸ 0.38
❹ 138　❺ 50兆　❻ 1.13
❼ 102　❽ 101　❾ 1.06
❿ 97　⓫ 395　⓬ 0.94

⑩ いろいろな四角形を調べよう

60・61ページ きほんのワーク

きほん1 垂直　答え ㋒

❶ ㋓、㋕

きほん2 答え

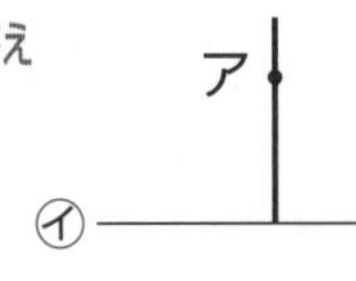

❷ ❶

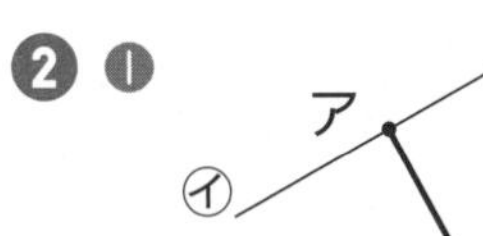

❷

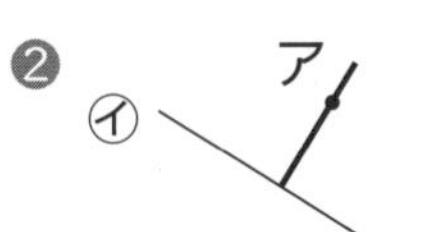

きほん3 平行、㋐、㋒、平行　答え ㋐、㋒

❸ ㋓と㋕

きほん4 答え

❹ ❶

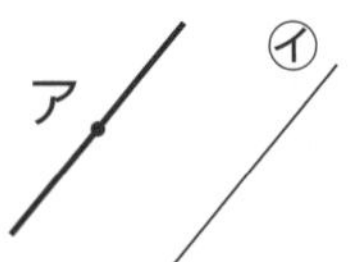

❷

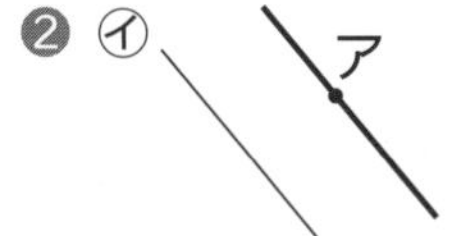

てびき ❸ 直線㋐に、それぞれ垂直に交わっている直線㋓と㋕は平行です。

62・63ページ きほんのワーク

きほん1 台形、平行四辺形　答え ㋐、㋔、㋓、㋕

❶ 辺アエ… 9cm　角ア… 120°

きほん2 ひし形、辺、角　答え イウ、ウ

❷

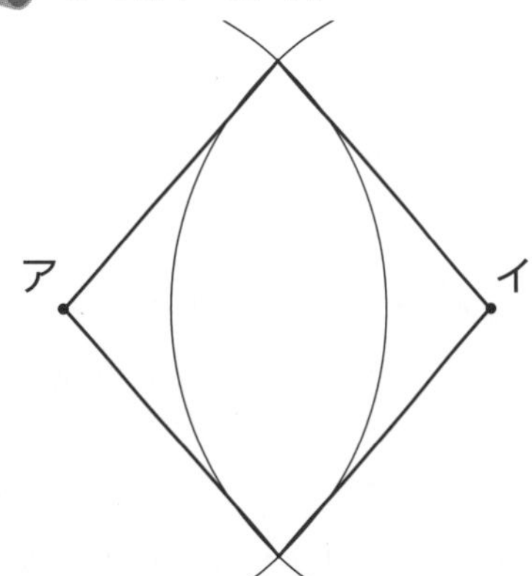

きほん3 対角線　答え 正方形、ひし形、長方形

❸ ❶ ○　❷ ×　❸ ○　❹ ○

てびき ❸ ❷ 長方形の2本の対角線が交わってできる4つの角のうち大きさが等しいのは、向かいあった2組の角だけです。
❸ 正方形も2本の対角線の長さが等しいです。

64ページ 練習のワーク

❶ (垂直)　(平行)

ア ㋑ ア ㋑

❷ ㋕ 118°　㋖ 118°　㋗ 62°　㋘ 118°

❸ (例)

1cm 1cm

❹ ❶ 平行　❷ 平行　❸ 等しい　❹ 2

てびき ❷ 一直線の角の大きさは180°だから、㋕の角度は、180°−62°=118°です。直線㋐と㋑は平行だから、㋕と㋘の角度は等しくなります。
❸ 向かいあった2組の辺は平行になります。
❹ ❹ 四角形で、向かいあった頂点を結ぶ直線を対角線といいます。四角形では、対角線は2本あります。

65ページ まとめのテスト

1 ㋒と㋖、㋔と㋗

2 ❶ 60°　❷ 120°

3 ❶ 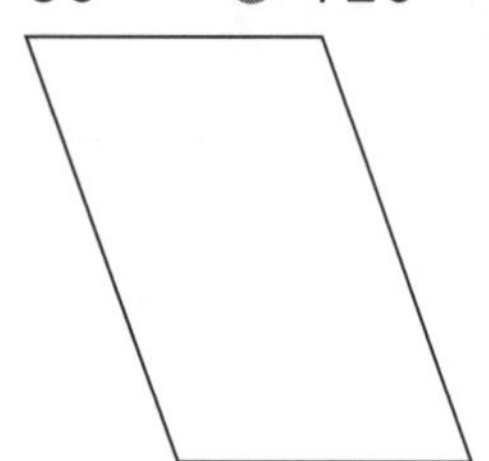 ❷ 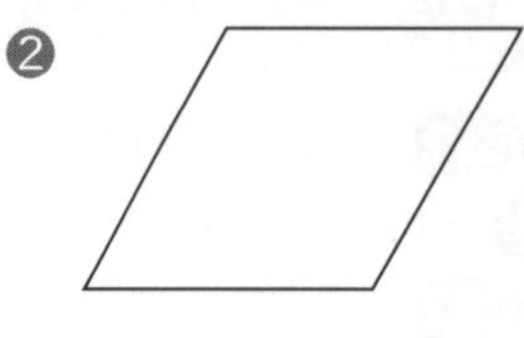

4 ❶ ㋐、㋑、㋓、㋔　❷ ㋐、㋔
❸ ㋐、㋔　❹ ㋐、㋑

てびき 1 ある直線に等しい角度で交わる2本の直線は平行になります。直線㋐に直線㋒と㋖は90°で、直線㋔と㋗は70°で交わっているので、それぞれ平行です。

2 平行な直線は、ほかの直線と等しい角度で交わることから㋟、㋠の角度を求めます。
㋠の角の大きさは、㋟のとなりの角と等しい大きさなので、180°−60°=120°となります。

3 ❷ ひし形は4つの辺の長さが等しく、向かいあった辺は平行になっていることを使ってかきましょう。

4 あてはまる四角形は1つだけではありません。㋐から㋔の四角形のとくちょうを調べて、まとめておきましょう。

⑪ 計算のきまりを調べよう

66・67ページ きほんのワーク

きほん1 150、120、150、120、230　答え 230

❶ 式 500−(180−30)=350　答え 350円

きほん2 50+150、4　答え 4

❷ 式 130×(2+4)=780　答え 780円

❸ ❶ 300　❷ 2800　❸ 9　❹ 16

きほん3 32、7、39　答え 39

❹ ❶ 28　❷ 3　❸ 99　❹ 7

❺ ❶ 69　❷ 45　❸ 33　❹ 9

てびき ❶ (　)の中を先に計算するので、
500−(180−30)=500−150=350

❷ ジュースの数を(　)でまとめて式をかきます。(　)の中を先に計算するので、
130×(2+4)=130×6=780

❸ (　)の中を先に計算します。
❶ 5×(18+42)=5×60=300
❷ (93−23)×40=70×40=2800
❸ (36+45)÷9=81÷9=9
❹ 80÷(62−57)=80÷5=16

❹ ×、÷を先に計算します。
❶ 20+4×2=20+8=28
❷ 75−12×6=75−72=3
❸ 59+240÷6=59+40=99
❹ 13−90÷15=13−6=7

❺ 計算の順に注意して計算しましょう。
❶ 9×8−6÷2=72−3=69
❷ 9×(8−6÷2)=9×(8−3)
=9×5=45
❸ (9×8−6)÷2=(72−6)÷2
=66÷2=33
❹ 9×(8−6)÷2=9×2÷2=18÷2=9

68・69ページ きほんのワーク

きほん1 22、176、272、96、176　答え =

❶ 式 50×6+70×6=720　答え 720円
〔別の式〕(50+70)×6=720

きほん2 100、187、100、900　答え 187、900

❷ ❶ 126　❷ 178　❸ 18.9
❹ 4900　❺ 600　❻ 800

きほん3 4、4、4、700、28、672
2、2、2、400、16、416
答え 672、416

❸ ❶ 594　❷ 784　❸ 371
❹ 618

てびき
❶ 50×6+70×6=300+420=720
〔別の式〕(50+70)×6=120×6=720

❷ ❶ 39+26+61=26+39+61
=26+(39+61)
=26+100=126
❸ 2.7+8.9+7.3=8.9+2.7+7.3
=8.9+(2.7+7.3)
=8.9+10=18.9
❹ 2×49×50=49×2×50
=49×(2×50)
=49×100=4900
❺ 24×25=(6×4)×25
=6×(4×25)
=6×100=600

❸ ❶ 99×6=(100−1)×6
=100×6−1×6
=600−6=594

❸ 53×7=(50+3)×7
=50×7+3×7
=350+21=371

70ページ 練習のワーク

❶ ❶ 25 ❷ 20 ❸ 100 ❹ 56
❺ 67 ❻ 31
❷ ❶ 式 200−40×3=80 答え 80円
❷ 式 (350−30)×5=1600 答え 1600円
❸ ❶ 157 ❷ 4300 ❸ 1358

てびき ❶ ❶ 100−(30+45)
=100−75=25
❸ (4+16)×5=20×5=100
❹ 60−32÷8=60−4=56
❻ 71−48÷6×5=71−8×5
=71−40=31
❷ ❶ (出したお金)−(代金)=(残り)です。
200−40×3=200−120=80
❷ (1このねだん)×(買った数)=(代金)です。
(350−30)×5=320×5=1600
❸ ❶ 57+37+63=57+(37+63)
=57+100=157
❷ 4×43×25=43×(4×25)
=43×100=4300
❸ 97×14=(100−3)×14
=100×14−3×14
=1400−42=1358

71ページ まとめのテスト

1 ❶ 60 ❷ 40 ❸ 162 ❹ 55
2 ❶ 138 ❷ 6400 ❸ 4700
❹ 7056
3 ❶ − ❷ +、÷
4 式 230+70×4=510 答え 510円
5 式 (550+170)÷3=240 答え 240円
6 式 600÷2+110×5=850 答え 850円

てびき 3 ❶ 6×5□2×3=30□6で、これが24になるので、□は−になります。
4 230+70×4=230+280=510
5 ケーキとチョコレートの代金を( )でまとめて式をつくり、先に計算します。
(550+170)÷3=720÷3=240
6 えんぴつは半ダースだから、代金は半分です。
600÷2+110×5=300+550=850

⑫ 広さを表そう

72・73ページ きほんのワーク

きほん1 面積、1 cm^2、11、11、10、1、1、12
答え ㋑

❶ ❶ 15こ ❷ 15 cm^2 ❸ 16 cm^2
❹ ㋑が1 cm^2 広い。
きほん2 15、25、15、25、375
18、18、18、324 答え 375、324
❷ ❶ 式 12×24=288 答え 288 cm^2
❷ 式 30×30=900 答え 900 cm^2
❸ ❶ 式 54÷6=9 答え 9cm
❷ 式 6×6=36 36÷4=9 答え 9cm

てびき ❶ ❶ 1辺が1cmの正方形が、3こずつ5列あるので、3×5=15(こ)あります。
❸ 1辺が1cmの正方形が、4こずつ4列あるので、4×4=16(こ)あります。
❷ 面積の公式にあてはめて面積を求めます。
❸ ❶ たての長さを□cmとして面積の公式にあてはめると、□×6=54だから、
□=54÷6でたての長さを求められます。
また、たて=長方形の面積÷横 です。
❷ 1辺が6cmの正方形の面積を求め、長方形のたての長さでわって横の長さを求めます。

たしかめよう!
面積の公式 長方形の面積=たて×横=横×たて
正方形の面積=1辺×1辺

74・75ページ きほんのワーク

きほん1 6、3、5、8、8、3 答え 42
❶ ❶ 式 15×9+5×11=190 答え 190 cm^2
❷ 式 10×16−5×(16−4×2)=120
答え 120 cm^2
きほん2 5、4、20 答え 20
❷ 式 10×8=80 答え 80 m^2
❸ 式 80×500=40000 答え 40000 cm^2、4 m^2
きほん3 a、ha、km^2、150、400、60000
答え 60000、600、6
❹ 式 2×3=6 答え 6 km^2
❺ 式 800×800=640000 答え 6400a、64ha

てびき ❶ ❶ 次の図のように、2つの長方形に分けたり、欠けているところをおぎなったりして面積を求めます。

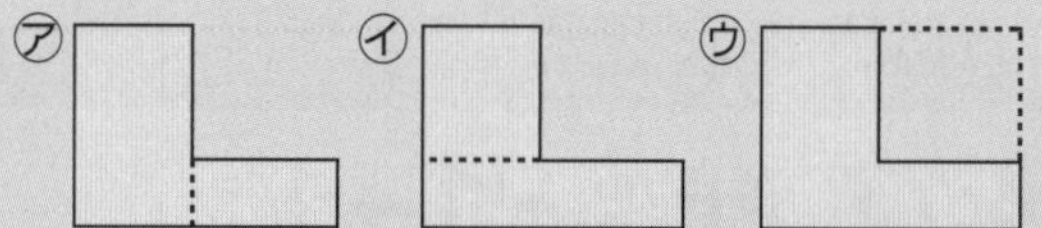

㋐… $15\times9+5\times11=190$

㋑… $10\times9+5\times20=190$

㋒… $15\times20-10\times11=190$

※式は、㋑、㋒のようにかいてもかまいません。

❷ 3つの長方形に分けて考えると、次のような式になります。

$5\times4\times2+(10-5)\times16=120$

$10\times4\times2+(10-5)\times(16-4\times2)=120$

❷ 辺の長さがmで表されているので、面積の単位はm^2になります。

❸ 辺の長さの単位がちがっているので、単位をそろえて面積を求めます。

横の長さ5mをcmの単位になおして面積を求めます。

5m＝500cm　$80\times500=40000(cm^2)$

$1m^2=10000cm^2$ だから $40000cm^2=4m^2$

❹ 面積を求める式は、$2\times3=6$

$1km^2=1km\times1km$ なので、

1辺が1km＝1000mの正方形の面積を単位にします。

❺ $1a=10m\times10m=100m^2$、

$1ha=100m\times100m=10000m^2=100a$

です。面積を求める式は、

$800\times800=640000(m^2)$

$640000\div100=6400(a)$

$6400\div100=64(ha)$

76ページ 練習のワーク

❶ ❶ 式 $16\times16=256$ 　答え $256m^2$

❷ 式 $3\times8=24$ 　答え $24km^2$

❸ 式 $60\times300=18000$ 　答え $18000cm^2(1.8m^2)$

❷ 式 $56\div8=7$ 　答え 7cm

❸ 式 $200\times200=40000$ 　答え 400a、4ha

❹ 式 $13\times26-6\times6=302$ 　答え $302m^2$

てびき ❶ ❸ 辺の長さの単位をcmにそろえてから面積を求めます。

❸ $40000\div100=400(a)$、

$400\div100=4(ha)$です。

1辺が10mの正方形の面積が1a、

1辺が100mの正方形の面積が1haです。

1辺の長さが10倍になると、面積は100倍になるという関係があります。

$1a=100m^2$、$1ha=10000m^2$ です。

❹ 全体の長方形の面積から色のついていない正方形の面積をひいて求めます。

77ページ まとめのテスト

1 ❶ 式 $80\times100=8000$ 　答え $8000cm^2$

❷ 式 $20\div4=5$　$5\times5=25$ 　答え $25m^2$

❸ 式 $25\times12=300$ 　答え 3a

❹ 式 $700\times700=490000$ 　答え 49ha

2 ❶ 式 $18\times22-8\times10=316$ 　答え $316cm^2$

❷ 式 $4\times7-3\times2=22$ 　答え $22m^2$

❸ 式 $4\times(15-4\times2)+6\times15=118$ 　答え $118cm^2$

3 式 $3\times6\div2=9$ 　答え $9cm^2$

てびき 1 ❶ たてと横の長さの単位をそろえて、面積を求めます。1m＝100cmだから、

$80\times100=8000(cm^2)$

❷ 正方形の1辺の長さは、$20\div4=5(m)$になります。

❸ $100m^2=1a$ だから、$300m^2=3a$

❹ $1ha=10000m^2$ だから、

$490000m^2=49ha$

2 ❶ 大きい長方形の面積から小さい長方形の面積をひきます。

また、2つの長方形や正方形に分けて考えることもできます。

$18\times12+10\times10=316(cm^2)$

$8\times12+10\times22=316(cm^2)$

❷ 大きい長方形の面積から小さい長方形の面積をひきます。また、3つの長方形や正方形に分けて考えることもできます。

$4\times3+(4-3)\times2+4\times2=22(m^2)$

$3\times3+3\times2+(4-3)\times7=22(m^2)$

❸ 上と下の2つの長方形に分けて考えます。

また、3つの長方形に分けたり、大きい長方形の面積から小さい2つの正方形の面積をひいたりして求めることもできます。

$6\times4+(4+6)\times(15-4-4)+6\times4$
$=118(cm^2)$

$(4+6)\times15-4\times4-4\times4=118(cm^2)$

3 たてが3cm、横が6cmの長方形を対角線で2つに分けたものの1つ分と考えることができます。

⑬ 分数のしくみを考えよう

78・79ページ　きほんのワーク

きほん1　$\frac{5}{4}$、$1\frac{1}{4}$、$\frac{8}{4}$　　答え $\frac{2}{4}$、$\frac{4}{4}$、$\frac{5}{4}(1\frac{1}{4})$、$\frac{8}{4}$

❶ ① $\frac{1}{5}$　② $\frac{3}{4}$　③ 5　④ $\frac{2}{6}$、$1\frac{2}{6}$

❷ 真分数…$\frac{4}{5}$、$\frac{3}{10}$　仮分数…$\frac{7}{6}$、$\frac{8}{4}$

帯分数…$1\frac{1}{2}$、$3\frac{1}{6}$

きほん2　2、1、8　　答え $2\frac{1}{2}$、$\frac{8}{3}$

❸ ① $1\frac{2}{6}$　② $2\frac{3}{5}$　③ 3　④ $\frac{5}{3}$

⑤ $\frac{22}{9}$　⑥ $\frac{13}{4}$

❹ ① $<$　② $>$　③ $<$

❺ $\frac{5}{7}$、1、$1\frac{3}{7}$、$\frac{12}{7}$

てびき　❸ ① 8÷6=1 あまり 2 → $1\frac{2}{6}$

⑥ $3\frac{1}{4}$は、$\frac{1}{4}$が 4×3+1=13 → $\frac{13}{4}$

❹ 仮分数になおして大きさをくらべます。

① $2\frac{5}{8}=\frac{21}{8}$　② $4\frac{1}{6}=\frac{25}{6}$　③ $2\frac{2}{3}=\frac{8}{3}$

80・81ページ　きほんのワーク

きほん1　$\frac{2}{4}$、$\frac{3}{6}$、$\frac{4}{8}$　　答え $\frac{2}{4}$、$\frac{3}{6}$、$\frac{4}{8}$、$\frac{5}{10}$

❶ ① $\frac{6}{7}$、$\frac{4}{7}$、$\frac{3}{7}$、$\frac{1}{7}$　② $\frac{4}{5}$、$\frac{4}{6}$、$\frac{4}{8}$、$\frac{4}{9}$

きほん2　$\frac{7}{6}$、$1\frac{1}{6}$　　答え $\frac{7}{6}(1\frac{1}{6})$

❷ ① $\frac{9}{8}(1\frac{1}{8})$　② $\frac{5}{9}$　③ $\frac{8}{6}(1\frac{2}{6})$

きほん3　3、4　　答え $3\frac{4}{6}$

❸ ① $4\frac{3}{4}$　② $1\frac{5}{7}$　③ $5\frac{1}{10}$　④ $2\frac{1}{7}$

きほん4　$1\frac{6}{8}$　　答え $1\frac{6}{8}$

❹ ① $3\frac{1}{5}$　② $2\frac{1}{9}$　③ $2\frac{5}{7}$　④ $2\frac{5}{6}$

てびき　❷ 分母が同じ分数のたし算やひき算では、分母はそのままにして、分子だけ計算します。

❸ ④ $1\frac{2}{7}+\frac{6}{7}=1\frac{8}{7}=2\frac{1}{7}$

❹ ③ $3\frac{3}{7}-\frac{5}{7}=2\frac{10}{7}-\frac{5}{7}=2\frac{5}{7}$

④ $3-\frac{1}{6}=2\frac{6}{6}-\frac{1}{6}=2\frac{5}{6}$

82ページ　練習のワーク❶

❶ 真分数…$\frac{4}{7}$、$\frac{5}{6}$

仮分数…$\frac{5}{2}$、$\frac{8}{3}$

帯分数…$1\frac{4}{9}$、$2\frac{1}{5}$

❷ ① $\frac{19}{8}$　② $\frac{13}{7}$　③ $2\frac{4}{5}$　④ 5

❸ $\frac{5}{3}$、$\frac{5}{5}$、$\frac{5}{6}$、$\frac{5}{9}$

❹ ① $\frac{9}{8}(1\frac{1}{8})$　② 2　③ $\frac{3}{10}$　④ $\frac{7}{9}$

❺ 式 $2\frac{2}{5}-1\frac{3}{5}=\frac{4}{5}$　　答え $\frac{4}{5}$m

てびき　❸ 分子が同じ分数は、分母が大きい分数のほうが小さくなります。

❹ ② $1\frac{2}{7}+\frac{5}{7}=1\frac{7}{7}=2$

④ $2\frac{3}{9}-1\frac{5}{9}=1\frac{12}{9}-1\frac{5}{9}=\frac{7}{9}$

83ページ　練習のワーク❷

❶ ① $\frac{43}{8}$　② $\frac{16}{9}$　③ $1\frac{4}{7}$　④ 6

❷ ① $>$　② $>$　③ $<$　④ $>$

❸ ① $\frac{7}{5}(1\frac{2}{5})$　② $\frac{14}{10}(1\frac{4}{10})$　③ $1\frac{4}{6}$

④ 3　⑤ $4\frac{5}{9}$　⑥ $4\frac{1}{4}$

❹ ① $\frac{5}{4}(1\frac{1}{4})$　② $\frac{3}{5}$　③ $2\frac{3}{6}$

④ $1\frac{7}{10}$　⑤ $1\frac{5}{7}$　⑥ $1\frac{7}{9}$

てびき　❷ ①～③帯分数か仮分数にそろえて大きさをくらべます。

❸ ④ $\frac{3}{8}+2\frac{5}{8}=2\frac{8}{8}=3$

⑥ $2\frac{3}{4}+1\frac{2}{4}=3\frac{5}{4}=4\frac{1}{4}$

❹ ④ $4\frac{1}{10}-2\frac{4}{10}=3\frac{11}{10}-2\frac{4}{10}=1\frac{7}{10}$

84ページ　まとめのテスト❶

1 ① $1\frac{3}{7}$　② 3　③ $\frac{14}{5}$

2 ① $>$　② $<$　③ $>$

3 ① $\frac{7}{5}(1\frac{2}{5})$　② $2\frac{1}{8}$　③ 3

④ $3\frac{1}{6}$　⑤ $\frac{6}{9}$　⑥ $2\frac{1}{4}$

4 式 $1\frac{1}{3}+\frac{2}{3}=2$　　答え 2 m

5 式 $4\frac{3}{8}-1\frac{5}{8}=2\frac{6}{8}$ 答え $2\frac{6}{8}$kg

てびき 2 帯分数か仮分数のどちらかにそろえて大きさをくらべます。

4 赤いリボンは、青いリボンより$\frac{2}{3}$m 長いです。

$1\frac{1}{3}+\frac{2}{3}=1\frac{3}{3}=2$(m)

85ページ まとめのテスト②

1 ❶ $\frac{13}{3}$、4、$\frac{13}{5}$ ❷ $\frac{5}{4}$、1、$\frac{5}{6}$

❸ $\frac{5}{6}$、$\frac{3}{6}$、$\frac{2}{6}$、$\frac{1}{6}$ ❹ $\frac{2}{5}$、$\frac{2}{7}$、$\frac{2}{8}$、$\frac{2}{10}$

2 ❶ $\frac{12}{9}\left(1\frac{3}{9}\right)$ ❷ $2\frac{3}{4}$ ❸ $1\frac{6}{7}$

❹ $3\frac{4}{5}$ ❺ $7\frac{3}{8}$ ❻ 4

3 式 $1\frac{3}{7}+\frac{2}{7}=1\frac{5}{7}$ 答え $1\frac{5}{7}$L

4 ❶ $\frac{7}{9}$ ❷ $1\frac{2}{6}$ ❸ $2\frac{1}{5}$

❹ $2\frac{3}{7}$ ❺ $2\frac{1}{4}$ ❻ $2\frac{7}{8}\left(\frac{23}{8}\right)$

5 式 $5\frac{2}{3}-1\frac{1}{3}=4\frac{1}{3}$ 答え $4\frac{1}{3}$km

てびき 1 ❶は、帯分数になおしてくらべます。

$\frac{13}{5}=2\frac{3}{5}$、$\frac{13}{3}=4\frac{1}{3}$です。

2 ❻ $2\frac{7}{12}+1\frac{5}{12}=3\frac{12}{12}=4$

4 ❷ $2-\frac{4}{6}=1\frac{6}{6}-\frac{4}{6}=1\frac{2}{6}$

❻ $3\frac{5}{8}-\frac{6}{8}=2\frac{13}{8}-\frac{6}{8}=2\frac{7}{8}$

⑭ どのように変わるか調べよう

86・87ページ きほんのワーク

きほん1 8、8 答え 8

1 ❶ 13cm

❷

たての長さ(cm)	1	2	3	4	5	6
横の長さ(cm)	12	11	10	9	8	7

❸ □+△=13 または、13−□=△

2

けんさん(才)	10	11	12	13
弟(才)	6	7	8	9

□−△=4 または、□−4=△

きほん2 4、4、4、32、4、10 答え 32、10

3 ❶

おかしの数(こ)	1	2	3	4
代金(円)	60	120	180	240

❷ □×60=△

❸ 式 12×60=720 答え 720円

❹ 式 900÷60=15 答え 15こ

てびき 1 長さ1cmのぼうを26本ならべて長方形をつくるので、できる長方形のまわりの長さは26cmで、たてと横の長さの合計は13cmになります。

2 けんさんと弟の年令のちがいは10−6=4で、4才です。

3 ❷ おかしの数に60をかけた数が代金になります。

❸ □×60=△ の式の□に12をあてはめて代金を求めます。

❹ □×60=△ → □=△÷60 になるので、△に900をあてはめておかしの数を求めます。

88ページ 練習のワーク

1 ❶

だんの数(だん)	1	2	3	4	5
まわりの長さ(cm)	3	6	9	12	15

❷ □×3=△

❸ 式 25×3=75 答え 75cm

❹ 式 100÷3=33あまり1

33+1=34 答え 34だん

てびき 1 表から、だんの数に3をかけると、まわりの長さになることがわかります。

❸ □×3=△ の□に、だんの数の25をあてはめてまわりの長さを求めます。

❹ 1m=100cmだから

100÷3=33あまり1より、

33だんのとき、

まわりの長さは33×3=99(cm)で、

34だんのとき、

34×3=102(cm)となり、はじめて100cm(1m)をこえます。

89ページ まとめのテスト

1 ❶

右手に持った数(こ)	0	1	2	3	4	5	6	7	8	9
左手に持った数(こ)	9	8	7	6	5	4	3	2	1	0

❷ □+△=9 または、9−□=△

2 ❶

たて(cm)	1	2	3	4	5	6	7
横(cm)	4	5	6	7	8	9	10

❷ □+3=△ または、□=△−3

❸ 18cm

3 ❶

たて(cm)	1	2	3	4	5
面積(cm²)	4	8	12	16	20

❷ □×4＝△

❸ 7cm

てびき **1** 右手と左手のおはじきのこ数をあわせると、いつでも9こになります。

2 たての長さに3cmたすと、横の長さになります。

3 ❶ 面積の公式を使って、それぞれの面積やたての長さを求めます。

❸ □×4＝△→□×4＝28
→□＝28÷4＝7で、7cmです。

⑮ がい数で計算しよう

90・91ページ きほんのワーク

きほん1 四捨五入、5000、3000、5000、3000、8000、5000、3000、2000
答え 8千(8000)、2千(2000)

❶ ❶ 土曜日…約2万5千人(約25000人)
日曜日…約4万3千人(約43000人)

❷ 式 25000＋43000＝68000
答え 約6万8千人(約68000人)

❸ 式 43000−25000＝18000
答え 約1万8千人(約18000人)

きほん2 300、100、100、700、200、100、500、300、100、500
答え 700、足りる、こえる

❷ 足りる

❸ 買える

てびき ❶ 入場者数を四捨五入して千の位までのがい数にします。

❷ 多めに考えて、1000円をこえなければよいので、切り上げて計算します。
200＋300＋100＋400＝1000(円)より、足ります。

❸ 少なめに考えて、1000円をこえていればよいので、切り捨てて計算します。
400＋300＋300＝1000(円)より、買えます。

92・93ページ きほんのワーク

きほん1 200、200、80000、77605
答え 80000、77605

❶ ❶ 見積もり…28000　電たく…28762
❷ 見積もり…150000　電たく…137547

❷ 約30kg

きほん2 50000、200、200、250、51700、188、275
答え 250、275

❸ ❶ 見積もり…30　電たく…29
❷ 見積もり…60　電たく…62
❸ 見積もり…1400　電たく…1500

❹ 約15か月分

てびき ❶ 上から1けたのがい数にして商を見積もります。

❷ かんづめ1この重さやこ数を、上から1けたのがい数にして、積を見積もります。
315g→約300g　102こ→約100こ
300×100＝30000(g)
30000g＝30kg

❸ 上から1けたのがい数にして商を見積もります。

❹ 上から1けたのがい数にして、商を見積もります。3000÷200＝15(か月分)

94ページ 練習のワーク

❶ ❶ 約3万2千人(約32000人)
❷ 約4千人(約4000人)

❷ ❶ 見積もり…27000　電たく…26598
❷ 見積もり…490000　電たく…480522
❸ 見積もり…500000　電たく…490544
❹ 見積もり…50　電たく…46
❺ 見積もり…50　電たく…51
❻ 見積もり…140　電たく…138

❸ 無料になる

てびき ❶ 「約何万何千人」「約何千人」だから、四捨五入して千の位までのがい数にしてから計算します。

❷ ❶ 見積もり…300×90＝27000
❷ 見積もり…700×700＝490000
❸ 見積もり…500×1000＝500000
❹ 見積もり…1000÷20＝50
❺ 見積もり…20000÷400＝50
❻ 見積もり…700000÷5000＝140

❸ 少なめに見積もって、2000円以上になるか考えます。十の位を切り捨てて百の位までのがい数にして見積もると、
400＋200＋800＋100＋500＝2000(円)
だから、代金の合計は2000円より多くなると考えられます。

95ページ まとめのテスト

1 ❶ 約 14 万 4 千人(約 144000 人)
❷ 約 8 万人(約 80000 人)
❸ 約 27 万人(約 270000 人)

2 約 150000 円

3 約 2000 円

4 キャンディー、チョコレート、ポテトチップス

てびき **2** 上から 1 けたのがい数にして計算します。
300×500＝150000(円)
3 上から 1 けたのがい数にして計算します。
800000÷400＝2000(円)
4 それぞれのねだんを四捨五入して十の位までのがい数にして、およそ 500 円になる選び方を見つけます。だいたいの合計を見積もってから、500 円をこえない選び方を答えましょう。

⑯ 小数のかけ算とわり算のしかたを考えよう

96・97ページ きほんのワーク

きほん1 0.4、4、12、12、1.2　答え 1.2

1 ❶ 0.8　❷ 3.5　❸ 2.4　❹ 7.2

きほん2 16、16　1、1、2 ➡ .　答え 11.2

2
```
❶   3.8    ❷  19.6    ❸  0.3    ❹    2.7
   ×  8      ×   4      × 2          ×5 9
   30.4       78.4      0.6          2 4 3
                                    1 3 5
                                    1 5 9.3
```

きほん3 2、7、0 ➡ 2、7　答え 27

3
```
❶  2.5    ❷   4.6    ❸  3.6    ❹  17.5
  ×  8       ×3 5      ×  5       ×   4
   20.0      2 3 0     18.0       70.0
            1 3 8
            1 6 1.0
```

きほん4 7、3、2 ➡ 7、.、3、2　答え 7.32

4
```
❶ 0.0 6   ❷ 1.7 8   ❸ 2.6 5   ❹  1.0 3
 ×    9    ×    4    ×    8     ×  2 7
  0.5 4     7.1 2    2 1.2 0      7 2 1
                                 2 0 6
                                 2 7.8 1
```

てびき **1** ❶ 0.2 は 0.1 が 2 こだから、2×4＝8 より、0.1 が 8 こで答えは 0.8 です。
3 積の小数点より右の最後が 0 になったときは、0 と小数点を消しておきましょう。

98・99ページ きほんのワーク

きほん1 3.2、32、32、8、8、0.8　答え 0.8

1 ❶ 0.9　❷ 0.8　❸ 0.3　❹ 0.8
❺ 0.5　❻ 0.6

きほん2 . ➡ 8、2、4、0　答え 1.8

2
```
❶     1.5    ❷      4.6    ❸        2.1
   5)7.5        6)2 7.6       1 2)2 5.2
     5            2 4             2 4
     2 5            3 6             1 2
     2 5            3 6             1 2
       0              0               0
```

きほん3 1.8、0　3、1、8、0　答え 0.3

3
```
❶     0.8    ❷       0.6    ❸        0.9
   8)6.4       1 6)9.6        1 2)1 0.8
     6 4           9 6            1 0 8
       0             0                0
```

きほん4 744、744、1.86　答え 1.86

4
```
❶    1.8 7   ❷    3.7 8   ❸    0.7 6
  5)9.3 5      2)7.5 6      7)5.3 2
    5            6            4 9
    4 3          1 5            4 2
    4 0          1 4            4 2
      3 5          1 6            0
      3 5          1 6
        0            0
```

てびき **2** 小数のわり算の筆算は、小数点がないものとして、整数のわり算と同じように計算することができます。商の小数点は、わられる数の小数点にそろえてうちます。商の小数点をわすれないように注意しましょう。
3 商の一の位に商がたたないときは、0 をかき、小数点をうってから計算を進めます。
商に 0 や小数点をかくのをわすれないように注意しましょう。
4 わられる数が $\frac{1}{100}$ の位まである小数になっても、計算のしかたは同じです。わられる数の小数点の位置にそろえて商の小数点をうつことをわすれないようにしましょう。

100・101ページ きほんのワーク

きほん1 2、1.3、1、3　答え 2 あまり 1.3

1
```
❶     2      ❷      3       ❸        4
   3)7.6        9)3 4.3       1 4)6 4.8
     6            2 7             5 6
     1.6            7.3             8.8
```

きほん2 2.8、8、5　答え 0.35

2
```
❶    1.0 4   ❷        3.2 5   ❸       1.5
  5)5.2        1 4)4 5.5        1 2)1 8
    5              4 2              1 2
      2 0            3 5              6 0
      2 0            2 8              6 0
        0              7 0              0
                       7 0
                         0
```

きほん3 3
3、5、5 ➡ 0、4、9、1 ➡ 6　答え 2.6

❸ ❶
7)16 → 2.28 (8 crossed out, 3 written above)
14
20
14
60
56
4

❷
9)15 → 1.66 (6 crossed out, 7 written above)
9
60
54
60
54
6

❸
12)34 → 2.83 (3 crossed out)
24
100
96
40
36
4

きほん4 9、2　　答え 4.5

❹ 式 12÷5=2.4　　答え 2.4 倍

てびき
❶ あまりの小数点は、わられる数の小数点の位置にそろえてうちます。
計算をしたら、答えのたしかめもしておきましょう。
❶は、3×2+1.6=7.6 となって、商とあまりが正しいことがたしかめられます。
❸ 商を上から3けためまで求めて、上から3けための数を四捨五入します。
❹ 何倍かを表すときにも小数を使うことがあります。計算は、わりきれるまで計算しましょう。

102ページ 練習のワーク

❶ ❶
2.4
× 7
16.8

❷
1.7
×65
85
102
110.5

❸
5.95
× 2
11.90 (0 crossed out)

❷ ❶
6)2.7 → 0.45
24
30
30
0

❷
16)32.8 → 2.05
32
80
80
0

❸
15)18 → 1.2
15
30
30
0

❸ ❶
3)8.7 → 2
6
2.7

たしかめ
3×2+2.7=8.7

❷
27)88.1 → 3
81
7.1

たしかめ
27×3+7.1=88.1

❹ 式 2.8×15=42　　答え 42 cm

❺ 式 9÷15=0.6　　答え 0.6 倍

てびき
❶ ❸で、積の小数点より右の最後が0になったときは、0を消しておきます。
5.95
× 2
11.90 (0 crossed out)

❸ ここでは、次の式で答えのたしかめをしましょう。
(わる数)×(商)+(あまり)=(わられる数)

103ページ まとめのテスト

1 ❶
7.2
× 3
21.6

❷
0.7
×45
35
28
31.5

❸
0.36
× 16
216
36
5.76

❹
1.35
× 64
540
810
86.40 (0 crossed out)

2 ❶
7)8.4 → 1.2
7
14
14
0

❷
5)23.8 → 4.76
20
38
35
30
30
0

❸
6)14 → 2.33 (3 crossed out)
12
20
18
20
18
2

❹
11)38 → 3.45 (4 and 5 crossed out, 5 written above)
33
50
44
60
55
5

3 ❶ 式 22.5÷6=3.75　　答え 3.75 g
❷ 式 3.75×15=56.25　　答え 56.25 g

4 式 4.2÷12=0.35　　答え 0.35 L

5 式 32÷20=1.6　　答え 1.6 倍

てびき
1 積の小数点は、かけられる数の小数点の位置にそろえてうちます。
❹ 小数点より右の最後の0は消しておきます。
2 ❷ わられる数に0をつけたして、わりきれるまでわり算を続けます。
❸❹ 商を $\frac{1}{100}$ の位で四捨五入して、$\frac{1}{10}$ の位までのがい数で表します。
3 ❷ ❶で求めた5円玉1まいの重さをもとにして15まい分の重さを求めます。
4 4.2÷12 をわりきれるまで計算して1人分を求めます。
5 何倍を表すとき、小数で表すこともあります。32÷20 をわりきれるまで計算して、何倍になるかを求めます。

何倍かを求めるときは、もとにする大きさが、どの数にあたるか、図を使って、考えよう。

⑰ いろいろな箱の形を調べよう

104・105ページ きほんのワーク

きほん1 直方体、立方体、8、12、6

答え ㋐ 8　㋑ 12　㋒ 6　㋓ 8　㋔ 12　㋕ 6

❶ たて 1cm で横 4cm の長方形が 2 つ
たて 1cm で横 5cm の長方形が 2 つ
たて 5cm で横 4cm の長方形が 2 つ

きほん2 見取図　　答え

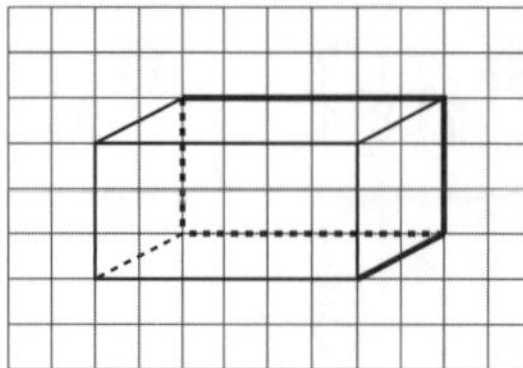

❷

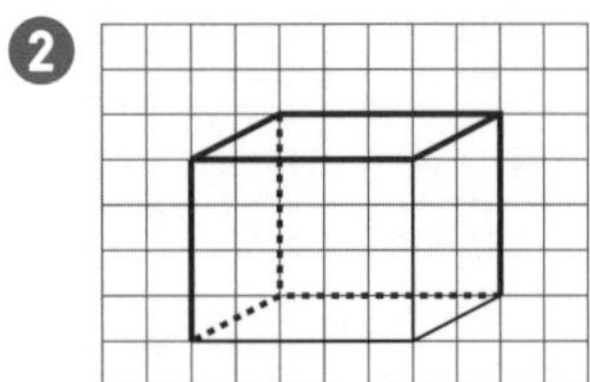

きほん3 展開図

答え

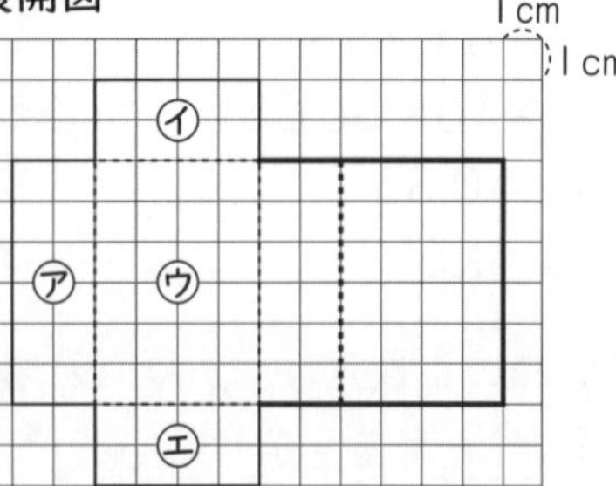

❸ 面㋓

てびき ❶ この直方体には、同じ大きさの面が 2 つずつ 3 組あります。

❷ 見取図は、向かいあう辺が平行で、同じ長さになるようにかいていきます。
また、見えない辺は点線でかいておくことをわすれないようにしましょう。

❸ 直方体で向かいあう面は、同じ形で、同じ大きさになっています。展開図で同じ大きさになる面を考えるとわかりやすいです。

立方体と直方体のにているところ、ちがうところなどのとくちょうをきちんと覚えておこう。

106・107ページ きほんのワーク

きほん1 垂直、4、4、平行、㋕、㋕

答え アカ、イキ、ウク、エケ
㋐、㋑、㋒、㋓
㋕
カキ、キク、クケ、ケカ

❶ ❶ 垂直…4　　平行…1
❷ 垂直…4　　平行…3
❸ 2

きほん2 3　　答え 4、3

❷ 点エ（横 2cm，たて 4cm）
点オ（横 6cm，たて 6cm）

きほん3 3　　答え 4、3、0

❸ 頂点カ（横 0cm，たて 0cm，高さ 5cm）
頂点ク（横 4cm，たて 3cm，高さ 5cm）

てびき ❶ 直方体や立方体では、向かいあった面は平行で、となりあった面は垂直になっています。また、1 つの面に平行な辺は 4 つ、垂直な辺も 4 つあります。

❷ 点アから、横、たての 2 つの長さの組で表します。
点エ…点アから横へ 2cm、たてへ 4cm 進んだところにあります。
点オ…点アから横へ 6cm、たてへ 6cm 進んだところにあります。

❸ 点アから、横、たて、高さの 3 つの長さの組で表します。
頂点カ…頂点アから横へも、たてへも進まず、上へ進むだけなので、横へ 0cm、たてへ 0cm、上へ(高さ)5cm 進んだところになります。
頂点ク…頂点アから横へ 4cm、たてへ 3cm、上へ(高さ)5cm 進んだところにあります。
位置をこのような方法で表すとき、進まない場合は 0 を使って表すことに注意しましょう。

108ページ 練習のワーク

❶ ❶ 立方体　　❷ 8、12、6

❷ ❶ 立方体　　❷ 点キ

❸ ❶ 辺ケク、辺エウ、辺アイ
❷ 辺アイ、辺アエ、辺カキ、辺カケ
❸ 辺アイ、辺イウ、辺ウエ、辺エア

❹ 頂点カ(横 0cm，たて 0cm，高さ 6cm)
頂点ク(横 4cm，たて 4cm，高さ 6cm)

てびき ❷ 組み立ててできる立方体は、右の図のようになります。重なる辺や向かいあう面に同じ色をぬるとわかりやすくなります。

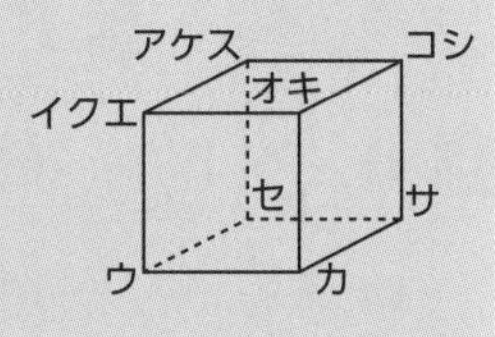

❸ 直方体では、１つの辺に平行な辺は３つ、垂直な辺は４つあります。また、１つの面に平行な辺は４つ、垂直な辺も４つあります。

❹ 空間にある点の位置を、横、たて、高さの３つの長さの組で表します。

頂点カ…頂点アから上に６cm のところにあるので、横やたては０cm になります。

頂点ク…頂点アから横に４cm、たてに４cm、上に６cm のところにあります。

109ページ まとめのテスト

1

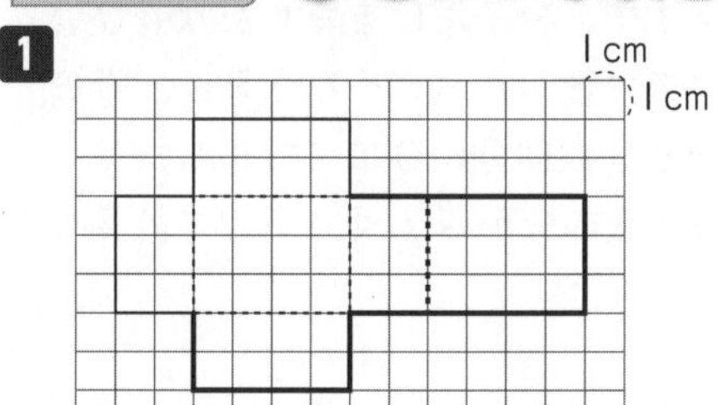

2 ❶ 辺カケ、辺イウ、辺キク
❷ 面㋑、面㋓、面㋔、面㋕
❸ 辺アカ、辺イキ、辺ウク、辺エケ

3 ❶ できない。
❷ ８こ
❸ ３種類

4 点ウ(横２，たて１，高さ３)
点エ(横４，たて４，高さ３)

てびき **1** となりあう面の大きさをとらえて展開図の続きをかきます。

2 ❷ 直方体のとなりあった面は垂直になっています。また、向かいあった面は平行になっています。

3 ❶ 立方体の辺の数は12なので、同じ長さのひごが12本ないと、立方体をつくることはできません。

❸ 次のときに直方体ができます。
・5cm のひご４本、6cm のひご４本、7cm のひご４本
・5cm のひご８本、6cm のひご４本
・5cm のひご８本、7cm のひご４本

4 立方体の積み木を使って、積み木の辺のいくつ分になるかで位置を表しています。

４年のまとめ

110ページ まとめのテスト❶

1 ❶ 7600　❷ 152　❸ 7.6
❹ 17　❺ 17　❻ 1.7

2 ❶ 14736020000
❷ 30000049300000

3 ❶ 8000　❷ 6000　❸ 3000　❹ 15

4 ❶ 40　❷ 17　❸ 52　❹ ４あまり５
❺ ４あまり12　❻ 34

てびき **1** ❶ かけられる数とかける数がそれぞれ10倍になると積は100倍になります。

❷ かけられる数が2倍になると積も2倍になります。

❸ かけられる数を10でわると、積も10でわったものになります。

❹ わられる数とわる数がそれぞれ10倍になっても、商はかわりません。

❺ わられる数とわる数がそれぞれ3倍になっても、商はかわりません。

❻ わられる数を10でわると、商も10でわったものになります。

2 兆や億、万の位ずつ区切って数をかくと、位取りがわかりやすくなります。

3 ❶ 千の位までのがい数にしてから計算します。がい数にすると、4000＋4000

❷ 千の位までのがい数にしてから計算します。がい数にすると、9000－3000

❸ 上から１けたのがい数にしてから計算します。がい数にすると、50×60

❹ 上から１けたのがい数にしてから計算します。がい数にすると、600÷40

4 筆算ですると、次のようになります。

❶ $$\begin{array}{r} 40 \\ 4\overline{)160} \\ \underline{16} \\ 0 \end{array}$$

❷ $$\begin{array}{r} 17 \\ 5\overline{)85} \\ \underline{5} \\ 35 \\ \underline{35} \\ 0 \end{array}$$

❸ $$\begin{array}{r} 52 \\ 8\overline{)416} \\ \underline{40} \\ 16 \\ \underline{16} \\ 0 \end{array}$$

❹ $$\begin{array}{r} 4 \\ 23\overline{)97} \\ \underline{92} \\ 5 \end{array}$$

❺ $$\begin{array}{r} 4 \\ 24\overline{)108} \\ \underline{96} \\ 12 \end{array}$$

❻ $$\begin{array}{r} 34 \\ 28\overline{)952} \\ \underline{84} \\ 112 \\ \underline{112} \\ 0 \end{array}$$

111ページ まとめのテスト❷

1 ❶ 3.82
❷ 11.03
❸ 2.9
❹ 3.47

2 ❶ 7.8 ❷ 36 ❸ 2.16 ❹ 0.6
❺ 3.8 ❻ 1.56

3 ❶ 85°
❷ 265°
❸ 270°
❹ 125°

4 ❶ ㋑と㋒
❷ ㋕ 50°
㋖ 50°
㋗ 130°

てびき

1 小数のたし算・ひき算の筆算は、位をそろえてかいて、整数の筆算と同じように計算します。
上の小数点にそろえて、和や差の小数点をうつことに注意します。
筆算ですると、次のようになります。

❶
```
  1.4 4
+ 2.3 8
  3.8 2
```
❷
```
   4.2
+  6.8 3
 1 1.0 3
```
❸
```
  5.3 8
- 2.4 8
  2.9 0
```
❹
```
  7
- 3.5 3
  3.4 7
```

2 筆算ですると、次のようになります。

❶
```
  1.3
×   6
  7.8
```
❷
```
  4.5
×   8
 3 6.0
```
❸
```
  0.2 4
×     9
  2.1 6
```
❹
```
   0.6
6)3.6
  3 6
    0
```
❺
```
     3.8
7)2 6.6
  2 1
    5 6
    5 6
      0
```
❻
```
   1.5 6
5)7.8
  5
  2 8
  2 5
    3 0
    3 0
      0
```

3 角の辺が短くて、角度がはかりにくいときは、辺をのばして角度をはかるようにします。
また、180°より大きい角度をはかるときは、180°より何度大きいか、360°より何度小さいかを考えて角度を求めます。
❷ 180°より85°大きく、360°より95°小さい角です。
❸ 180°より90°大きく、360°より90°小さい角です。

4 ❶ 直線㋑と直線㋒は、直線㋐にそれぞれ垂直に交わっているので平行です。
❷ 平行な直線は、ほかの直線と等しい角度で交わります。

112ページ まとめのテスト❸

1 ❶ $\frac{10}{6}\left(1\frac{4}{6}\right)$ ❷ $2\frac{1}{5}$ ❸ $4\frac{1}{4}$ ❹ 1
❺ $3\frac{3}{8}$ ❻ $1\frac{5}{9}$

2 ❶ 2400 ❷ 78 ❸ 9.2 ❹ 85

3 ❶ 1200 cm^2 ❷ 600 m^2

4 ❶ 26
❷ 右のグラフ

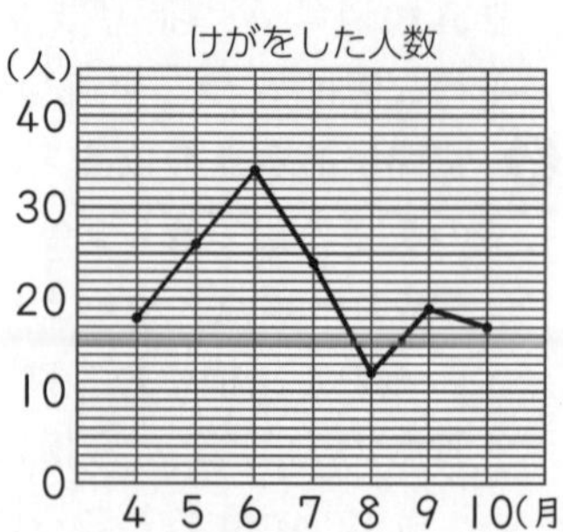

てびき

1 分母が同じ分数のたし算やひき算は、分母はそのままで、分子だけをたしたり、ひいたりします。帯分数のたし算やひき算は、帯分数を整数部分と分数部分に分けて計算したり、ひかれる数の整数部分から1くり下げて計算したりします。

❶ $\frac{3}{6}+\frac{7}{6}=\frac{10}{6}$
❷ $1\frac{2}{5}+\frac{4}{5}=1\frac{6}{5}=2\frac{1}{5}$
❸ $1\frac{2}{4}+2\frac{3}{4}=3\frac{5}{4}=4\frac{1}{4}$
❹ $\frac{8}{3}-\frac{5}{3}=\frac{3}{3}=1$
❺ $3\frac{5}{8}-\frac{2}{8}=3\frac{3}{8}$
❻ $4\frac{7}{9}-3\frac{2}{9}=1\frac{5}{9}$

2 ❶ (65＋35)×24＝100×24＝2400
❷ 702÷(17－8)＝702÷9＝78
❸ 3.8＋1.8×3＝3.8＋5.4＝9.2
❹ 89－(16÷2－4)＝89－(8－4)
＝89－4＝85

3 長方形の面積＝たて×横＝横×たての公式を使って、面積を求めます。
❷ たて15m、横35mの長方形と、たて5m、横15mの長方形に分けて面積を求めます。

4 ❶ グラフから5月の人数をよみとります。グラフのたてのじくの1めもりは1人を表しています。
❷ グラフに7月、8月、9月、10月の人数の点をうち、それを直線でつなぎます。

実力判定(はんてい)テスト　答えとてびき

夏休みのテスト①

1 ❶ 六十一億八千二百五十七万九百四十七
❷ 三十七兆四千三百十一億千五十二万

2 ❶ 19　❷ 17 あまり 1
❸ 12 あまり 3　❹ 60
❺ 100 あまり 5　❻ 50 あまり 7

3 ❶ 26 度、午後 1 時
❷ 午後 2 時と午後 3 時の間
❸ 午前 9 時と午前 10 時の間

4 ❶ 300°　❷ 145°　❸ 30°

5 4150 以上 4250 未満

6 ❶ 3.72　❷ 5.9　❸ 30.98
❹ 3.21　❺ 2.17　❻ 6.65

てびき
2 あまりがあるときは、
わる数×商＋あまりの計算をして、その答えがわられる数になっているか、たしかめます。
4 ❶ 180°より大きい角度をはかるときは、180°より何度大きいかをはかるか、360°より何度小さいかをはかるかなどのくふうをします。

夏休みのテスト②

1 ❶ 7000000000000
❷ 1400000000000

2 ❶ 240　❷ 19 あまり 2
❸ 254　❹ 90 あまり 4

3 ❶ 7 人　❷ 9 人
❸ 11 人

4 しょうりゃく

5 一万の位までのがい数…250000
上から 1 けたのがい数…200000
上から 2 けたのがい数…250000

6 ❶ 7.5　❷ 4.41
❸ 11.9　❹ 3.93

7 式 0.48＋1.8＝2.28　答え 2.28kg

てびき
3 ❶ クロールのできない人の合計の 10 人から、クロールも平泳ぎもできない 3 人をひいて求めます。
7 単位をそろえてから計算します。
1.8kg を 1800g と考えて、
480＋1800＝2280 より 2.28kg とすることもできます。

冬休みのテスト①

1 ❶ 3　❷ 26 あまり 22
❸ 5 あまり 20　❹ 9

2 式 64÷8＝8　答え 8m

3

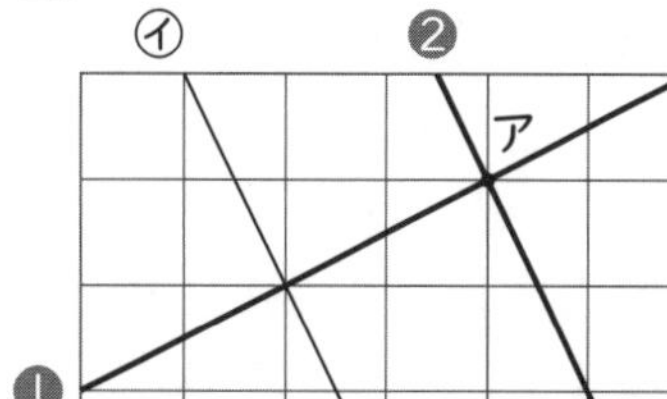

4 ㋐ 110°　㋑ 70°　㋒ 70°

5 ❶ 150 円のりんご 4 こを 30 円の箱に入れて買うときの代金　代金…630 円
❷ 150 円のりんごと 200 円のなしを 1 こずつ 30 円の箱に入れて 4 箱買うときの代金
代金…1520 円

6 式 36×50＝1800　答え 1800m²、18a

7 ❶ $\frac{13}{9}\left(1\frac{4}{9}\right)$　❷ $4\frac{5}{7}\left(\frac{33}{7}\right)$　❸ $3\frac{2}{8}\left(\frac{26}{8}\right)$
❹ $2\frac{5}{9}\left(\frac{23}{9}\right)$　❺ $1\frac{4}{5}\left(\frac{9}{5}\right)$　❻ $2\frac{1}{8}\left(\frac{17}{8}\right)$

冬休みのテスト②

1 ❶ 14 あまり 6　❷ 14 あまり 21
❸ 10 あまり 12　❹ 120

2 ❶ 3 こ　❷ 1 こ　❸ 8 こ

3 ❶ 33　❷ 86　❸ 5712　❹ 3100

4 ❶ 式 4×14＋4×4＝72　答え 72cm²
❷ 式 20×10＋(12−5)×(30−10×2)＋12×10＝390　答え 390cm²

5 ❶ 2　❷ $5\frac{1}{4}\left(\frac{21}{4}\right)$
❸ $\frac{4}{8}$　❹ $1\frac{3}{7}\left(\frac{10}{7}\right)$

6 式 $\frac{11}{8}-\frac{3}{8}=1$　答え 1kg

てびき
2 ❷ 四角形オカキクは、辺の長さがすべて等しいことから、ひし形です。
❸ 四角形アイウオ、四角形オイウエ、四角形アイキエ、四角形アキウエ、四角形アキクオ、四角形オカキウ、四角形オイキク、四角形カキエオの 8 こが台形です。
3 ❹ 124×25＝(31×4)×25
＝31×(4×25)＝31×100＝3100

学年末のテスト①

1 ❶ 十億の位　❷ 1 億
❸ 上から 2 けた…4300000000
一万の位………4250360000

2 ❶ 7.13　❷ 1
❸ 5.26　❹ 5.57

3 式 98÷35=2.8　答え 2.8 倍

4 式 400×500=200000
答え 200000 m^2、20ha

5 ❶ 350000　❷ 50

6 ❶ 25.8　❷ 25.12　❸ 2501.6
❹ 1.85　❺ 2.6　❻ 0.83

7 ❶ 面㋕　❷ 辺アエ、辺アカ
❸ 3

てびき
3 もとにする大きさの何倍かを求めるときは、わり算を使います。この問題のように、小数の倍になることもあります。
4 1ha=10000 m^2 です。
5 先に四捨五入してから計算します。
7 ❶ 向かいあった面は平行です。
❸ 辺アイに平行な辺は、辺エウ、辺カキ、辺ケクの 3 本です。

学年末のテスト②

1 ❶ 5 度、1 月　❷ 5 月と 6 月の間

2 ❶ 75°　❷ 60°

3 しょうりゃく

4 ❶ 600　❷ 100

5 ❶

1 辺の長さ　(cm)	1	2	3	4	5
まわりの長さ(cm)	3	6	9	12	15

❷ □×3=○　❸ 36cm　❹ 48cm

6 式 17.5÷3=5 あまり 2.5
答え 5 ふくろできて、2.5kg あまる。

7 (例)

てびき
6 あまりがあるときは、たしかめをします。[あまり]<[わる数]で、
[わる数]×[商]+[あまり]を計算すると、
3×5+2.5=17.5 となって、
商やあまりが正しいことがわかります。

まるごと 文章題テスト①

1 20549

2 式 137÷6=22 あまり 5
22+1=23　答え 23 きゃく

3 ❶ 式 5.4+2.28=7.68　答え 7.68 L
❷ 式 5.4−2.28=3.12　答え 3.12 L

4 式 481÷13=37　答え 37 まい

5 式 42÷14=3　答え 3 倍

6 式 128÷16=8　答え 8m

7 式 $2\frac{5}{7}+\frac{3}{7}=3\frac{1}{7}$　答え $3\frac{1}{7}$L$\left(\frac{22}{7}\text{L}\right)$

8 ❶ 式 47.7÷9=5.3　答え 5.3g
❷ 式 5.3×16=84.8　答え 84.8g

てびき
1 いちばん小さい数は 20459 です。2 番めが 20495、3 番めが 20549 です。
2 あまりの 5 人がすわるための長いすが必要です。
6 長方形のたての長さ=面積÷横の長さ
7 $2\frac{5}{7}+\frac{3}{7}=\frac{19}{7}+\frac{3}{7}=\frac{22}{7}$ より、
$\frac{22}{7}$L とすることもできます。

まるごと 文章題テスト②

1 式 276÷8=34 あまり 4
答え 34 本できて、4cm あまる。

2 式 0.64+3.52=4.16　答え 4.16kg

3 式 735÷36=20 あまり 15
答え 20 まいになって、15 まいあまる。

4 イのゴム

5 式…(670+260)÷3=310　答え…310 円

6 式 30÷24=1.25　答え 1.25 倍

7 式 300×300=90000　答え 900a、9ha

8 約 6000 円

9 式 $4-\frac{2}{3}=3\frac{1}{3}$　答え $3\frac{1}{3}$km$\left(\frac{10}{3}\text{km}\right)$

10 式 $5.2\div24=0.2\overset{2}{\not{1}}6\cdots$　答え 約 0.22 L

てびき
4 アのゴム…120÷40=3
イのゴム…100÷20=5
イのゴムのほうがよくのびています。
7 10000 m^2=100a=1ha
10 上から 2 けたのがい数にするので、上から 3 けためを四捨五入しますが、一の位が 0 なので、$\frac{1}{1000}$ の位の数字を四捨五入します。

3 2 1 0 9 8 7 6 5 4
＊ ＊ D C B A